高等学校实验课系列教材

土力学试验指导书

TULIXUE SHIYAN ZHIDAOSHU

EXPERIMENTATION

●主　编　吴道勇

●副主编　江兴元

重庆大学出版社

内容提要

本书主要介绍了土力学试验的基本原理、仪器设备、操作步骤和数据记录与分析方法,涉及的试验包括土的三相比例指标试验、颗粒分析试验、界限含水率试验、击实性试验、渗透性试验、压缩性试验和抗剪强度试验等实际工程中常用的试验,每个试验均设置了相应的实例分析。

本书可供岩土工程和地质工程等专业作为实验课程教材单独使用,也可作为基础理论课程的实验教材配套使用,还可为工程技术人员、注册岩土工程师考试提供参考。

图书在版编目(CIP)数据

土力学试验指导书/吴道勇主编. --重庆:重庆大学出版社,2024.6. --(高等学校实验课系列教材).

ISBN 978-7-5689-4507-3

Ⅰ. TU41

中国国家版本馆 CIP 数据核字第 20246N3V46 号

土力学试验指导书

主　编　吴道勇

副主编　江兴元

策划编辑:范　琪

责任编辑:杨育彪　　版式设计:范　琪

责任校对:谢　芳　　责任印制:张　策

*

重庆大学出版社出版发行

出版人:陈晓阳

社址:重庆市沙坪坝区大学城西路 21 号

邮编:401331

电话:(023) 88617190　88617185(中小学)

传真:(023) 88617186　88617166

网址:http://www.cqup.com.cn

邮箱:fxk@cqup.com.cn (营销中心)

全国新华书店经销

重庆华林天美印务有限公司印刷

*

开本:787mm×1092mm　1/16　印张:10.75　字数:250 千

2024 年 6 月第 1 版　2024 年 6 月第 1 次印刷

印数:1—1 000

ISBN 978-7-5689-4507-3　定价:38.00 元

前 言

本书是高等院校岩土工程和地质工程等相关专业土力学课程的配套实验用书。学生通过本书的学习,可测定和评价土体的工程特性,为岩土工程设计和施工提供可靠的计算指标和参数。土力学室内试验具有较强的实践性和实用性,是土力学课程重要的实践教学环节,可使学生了解各类土工试验仪器设备,掌握土体物理力学性质的试验方法;可培养学生试验操作技能,加深对土力学理论知识的理解,培养发现问题和解决问题的能力,提高实践能力和工程素养;可使学生形成严谨求实、吃苦耐劳、团结合作的工作作风,以及形成初步的科研探索精神,为学生今后从事设计、施工及科研等工作奠定坚实基础。

本书各章节首先介绍与试验相关的基础知识,便于学生将理论与试验联系起来。全书共有 10 个试验,包括土的含水率、密度、比重、颗粒分析、界限含水率、击实性、渗透性、压缩性和强度指标(直接剪切和三轴压缩)等的测定。此外,每个试验内容均给出了具体试验实例,并附有思考题,以便学生加深对相关内容的理解。书后附录共有 10 个试验报告,对试验涉及的图表和分析内容进行了规范化处理。

本书第一、四、五、六、七章由吴道勇编写,第二、三章和附录由江兴元编写。本书在编写过程中,参考了多位专家、学者的教学和科研成果,并得到了“贵州省一流专业(地质工程)建设项目”的资助,在此表示衷心感谢。

由于编者水平有限,书中难免存在不妥之处,恳请读者提出宝贵的意见和建议。

编　者

2024 年 2 月

目录

第一章

土的三相比例指标试验

第一节　土的三相比例指标

土是地表岩石风化形成的未胶结或弱胶结颗粒堆积物，由固相、液相和气相三相组成，其中固相主要由土体中的矿物和有机质组成，称为土颗粒（又称土粒），土颗粒之间相互接触排列形成土骨架，土骨架形成的孔隙通常被液相（水及其溶解物）和气相（空气和其他气体）填充，如图1-1(a)所示。当土骨架的孔隙被液相充满时，称为饱和土；当土骨架的孔隙仅含空气时称为干土。通常表层土体是同时含有土颗粒、空气和水的三相体系，称为湿土。

土中固相、液相和气相的比例关系在一定程度上决定了土的物理性质和力学特性。表示三相组成比例关系的指标称为土的三相比例指标，其中密度(ρ)、含水率(ω)和土粒比重(G_s)称为土的三个基本指标，可通过试验直接测得；孔隙比(e)、孔隙率(n)、饱和度(S_r)等指标可根据三个基本指标计算出来，称为换算指标。通常采用三相图来解释和说明各物理指标的定义及转换关系，如图1-1(b)所示。

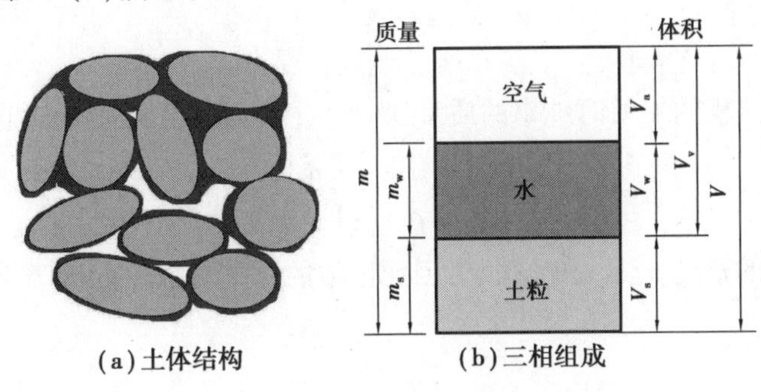

图1-1　土的三相示意图

m_s—土颗粒的质量；m_w—土中水的质量；m—土的总质量；V_s—土颗粒的体积；

V_w—土中水的体积；V_a—土中气体的体积；V_v—土中孔隙的体积；V—土的总体积

土的三相组成中，土的总体积(V)包括土颗粒体积(V_s)和孔隙体积(V_v)；土的总质量(m)

包括土颗粒的质量(m_s)和水的质量(m_w),空气质量忽略不计。

一、直接测定指标

1. 土的密度ρ与重度γ

单位体积土的质量称为土的密度(ρ),单位为 g/cm^3(或 kg/m^3)。密度可分为天然密度、饱和密度和干密度。

$$\rho = \frac{m}{V} \tag{1-1}$$

土的密度大小取决于土颗粒密度、孔隙体积和饱和度。通常情况下土颗粒排列越紧密,孔隙体积越小,孔隙饱和度越大,则土体的密度越大。矿物组成、有机质含量和结构对土的密度具有重要影响,原生矿物含量越多,土的密度越大;次生矿物和有机质含量越多,土的密度越小。

单位体积土体的重力称为土的重度或容重γ,单位为 kN/m^3。重力 W 等于质量 m 与重力加速度 g 的乘积,重度γ表示为

$$\gamma = \frac{W}{V} = \frac{mg}{V} = \rho g \tag{1-2}$$

式中 W——土的重力,kN;

g——重力加速度,m/s^2。

2. 土的含水率ω

土中水的质量 m_w 与土颗粒的质量 m_s 之比,称为土的含水率ω,用百分数表示

$$\omega = \frac{m_w}{m_s} \times 100\% \tag{1-3}$$

含水率是标志土体含水程度(湿度)的一个重要物理指标,它在一定程度上决定着土的力学性质。天然土层的含水率变化范围很大,它与土的种类、埋藏条件及所处的自然地理环境等有关。

3. 土粒的比重 G_s

土粒质量与同体积的 4 ℃时纯水的质量比,称为土粒比重(无量纲),也称为相对密度,即

$$G_s = \frac{\rho_s}{\rho_{w4}} = \frac{m_s}{V_s \rho_{w4}} \tag{1-4}$$

纯水在 4 ℃时的密度 $\rho_{w4} = 1.0\ g/cm^3$,因此土粒的比重在数值上等于土粒的密度 ρ_s,但两者的含义不同。

$$\rho_s = \frac{m_s}{V_s} = G_s \rho_{w4} \tag{1-5}$$

土粒比重取决于土的矿物成分,代表土中各种矿物比重的加权平均值,与孔隙大小和含水率无关。土粒的比重变化幅度很小,一般无机土颗粒的比重为 2.6 ~ 2.8,有机质土颗粒的比重为 2.4 ~ 2.5,泥炭土颗粒的比重为 1.5 ~ 1.8。

土粒比重通常采用“比重瓶法”“浮称法”“虹吸管法”等方法测定。除说明土的矿物成分外，土粒比重主要用于计算其他换算指标。

二、换算指标

1. 孔隙比 e

孔隙比 e 定义为土中孔隙体积与土粒体积之比，以小数表示

$$e = \frac{V_v}{V_s} \tag{1-6}$$

2. 孔隙率 n

孔隙率 n 定义为土中孔隙体积与土的总体积之比，即单位体积土体中孔隙的体积，用百分数表示

$$n = \frac{V_v}{V} \times 100\% \tag{1-7}$$

孔隙比和孔隙率表示土中孔隙体积的数量，反映土的密实程度。对于同一种土，孔隙比或孔隙率越大表明土越疏松，反之越密实。土的孔隙比常见值为0.5～1.0，黏土的孔隙比一般大于1.0，淤泥的孔隙比可达1.5。土的孔隙率常见值为33%～50%，具有絮凝结构的黏性土孔隙率可达80%。

根据《岩土工程勘察规范(2009年版)》(GB 50021—2001)规定，粉土的密实度应根据孔隙比 e 划分为密实($e<0.75$)、中密($0.75 \leq e \leq 0.90$)和稍密($e>0.90$)。

3. 饱和度 S_r

土的饱和度 S_r 定义为土中孔隙水的体积与孔隙体积之比，以百分数表示

$$S_r = \frac{V_w}{V_v} \times 100\% \tag{1-8}$$

饱和度反映水分填充土体孔隙的程度。干土饱和度为0，理论上饱和土的饱和度为100%。因为液态水中常常溶解部分气体，导致天然土体的饱和度很难达到100%。工程实践中按饱和度将土体划分为稍湿($S_r<50\%$)、很湿($S_r=50\% \sim 80\%$)和饱和($S_r>80\%$)。

4. 干密度 ρ_d 与干重度 γ_d

干密度 ρ_d 指土体完全失水时的密度，即单位体积土体内土粒的质量

$$\rho_d = \frac{m_s}{V} \tag{1-9}$$

干密度表征土的密实程度和孔隙性。土越密实，土粒越多，孔隙体积越小，干密度越大；反之，土的孔隙体积越大，土越疏松，干密度越小。干密度是用来评估填土工程施工质量的重要指标。

干重度 γ_d 是单位体积土体内土粒的重力，其表达式为

$$\gamma_d = \frac{W_s}{V} = \frac{m_s g}{V} = \rho_d g \tag{1-10}$$

5. 饱和密度 ρ_{sat} 与饱和重度 γ_{sat}

饱和密度 ρ_{sat} 是土中孔隙完全被水充满，土处于饱和状态时单位体积土的质量。其表达式为

$$\rho_{sat}=\frac{m_s+V_v\rho_w}{V} \tag{1-11}$$

在饱和状态下，单位体积土的重力称为饱和重度 γ_{sat}，其表达式为

$$\gamma_{sat}=\frac{W_s+V_v\gamma_w}{V}=\rho_{sat}g \tag{1-12}$$

式中，γ_w 为水的重度。

6. 浮密度 ρ' 和浮重度（有效重度）γ'

浮密度 ρ' 是指单位体积内的土粒质量减去与土粒同体积水的质量

$$\rho'=\frac{m_s-V_s\rho_w}{V}=\rho_{sat}-\rho_w \tag{1-13}$$

地下水位以下的土体受到水的浮力作用，其有效重力减小，因此提出了浮重度的概念。浮重度也常称为有效重度 γ'，定义为单位体积内的土粒重力减去与土粒同体积水的重力

$$\gamma'=\frac{W_s-V_s\gamma_w}{V}=\gamma_{sat}-\gamma_w \tag{1-14}$$

三、三相指标的换算关系

土的 9 个三相物理指标中密度、含水率和比重根据试验直接确定，其他 6 个指标可通过换算得出。通常采用如图 1-2 所示的三相指标换算示意图推导各指标之间的换算关系。

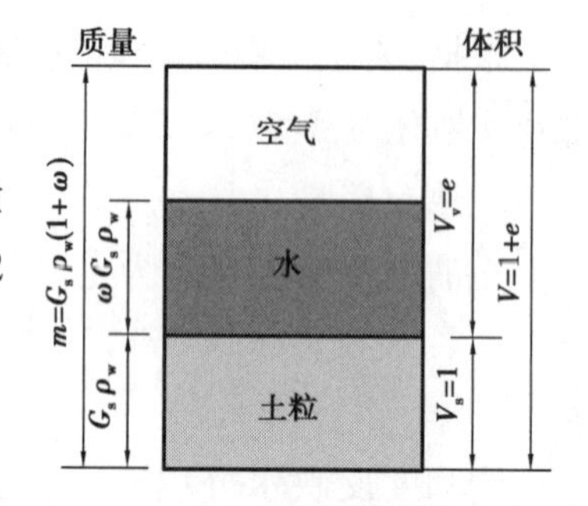

图 1-2　土的三相指标换算示意图

1. 孔隙率 n 与孔隙比 e 的关系

设土粒体积 $V_s=1$，孔隙体积 $V_v=e$，土的总体积 $V=1+e$，根据孔隙率的定义有

$$n=\frac{V_v}{V}=\frac{e}{1+e} \tag{1-15}$$

用孔隙率表示孔隙比，变换为

$$e=\frac{n}{1-n} \tag{1-16}$$

2. 干密度与湿密度和含水率的关系

湿密度 ρ 定义为土的质量与体积之比

$$\rho=\frac{m}{V}=\frac{G_s\rho_w(1+\omega)}{1+e} \tag{1-17}$$

干密度 ρ_d 定义为土粒的质量与体积之比

$$\rho_d = \frac{m_s}{V} = \frac{G_s \rho_w}{1 + e} \tag{1-18}$$

因此，干密度与湿密度的关系表示为

$$\rho = \rho_d(1 + \omega) \quad 或 \quad \rho_d = \frac{\rho}{1 + \omega} \tag{1-19}$$

3. 孔隙比与比重和干密度的关系

根据式(1-18)，变换得

$$e = \frac{G_s \rho_w}{\rho_d} - 1 \tag{1-20}$$

4. 饱和度与含水率、比重和孔隙比的关系

饱和度定义为水分占孔隙体积的比例

$$S_r = \frac{V_w}{V_v} = \frac{\frac{\omega \rho_s}{\rho_w}}{e} = \frac{\omega G_s}{e} \tag{1-21}$$

当土体完全饱和时 $S_r = 100\%$，此时的含水率称为饱和含水率，即 $\omega = \omega_{sat}$，有

$$e = \omega_{sat} G_s \tag{1-22}$$

5. 浮密度与比重和孔隙比的关系

根据浮密度的定义

$$\rho' = \frac{m_s - V_s \rho_w}{V} = \frac{G_s \rho_w - \rho_w}{1 + e} = \frac{(G_s - 1)\rho_w}{1 + e} \tag{1-23}$$

为便于查询，各物理指标之间的换算关系汇总于表 1-1 中。

表 1-1　土的三相指标之间的换算关系

测试指标	换算指标		
	名称及单位	定义	换算公式
密度 $\rho/(g \cdot cm^{-3})$ 含水率 $\omega/\%$ 比重 G_s	孔隙比 e	$e = \frac{V_v}{V_s}$	$e = \frac{\rho_s}{\rho_d} - 1 = \frac{\rho_s(1+\omega)}{\rho} - 1$ $e = \frac{n}{1-n}$ $e = \frac{\omega G_s}{S_r}$
	孔隙率 $n/\%$	$n = \frac{V_v}{V} \times 100\%$	$n = 1 - \frac{\rho_d}{\rho_s} = 1 - \frac{\rho}{\rho_s(1+\omega)}$ $n = \frac{e}{1+e}$
	饱和度 $S_r/\%$	$S_r = \frac{V_w}{V_v} \times 100\%$	$S_r = \frac{\omega G_s}{e}$

续表

测试指标	换算指标		
	名称及单位	定义	换算公式
密度 $\rho/(g\cdot cm^{-3})$ 含水率 $\omega/\%$ 比重 G_s	干密度 $\rho_d/(g\cdot cm^{-3})$	$\rho_d=\dfrac{m_s}{V}$	$\rho_d=\dfrac{G_s\rho_w}{1+e}$ $\rho_d=\dfrac{\rho}{1+\omega}$ $\rho_d=\dfrac{nS_r}{\omega}\rho_w$
	饱和密度 $\rho_{sat}/(g\cdot cm^{-3})$	$\rho_{sat}=\dfrac{m_s+V_v\rho_w}{V}$	$\rho_{sat}=\rho_w+\rho'$ $\rho_{sat}=\dfrac{G_s+e}{1+e}\rho_w$ $\rho_{sat}=G_s\rho_w(1-n)+n\rho_w$
	浮密度 $\rho'/(g\cdot cm^{-3})$	$\rho'=\dfrac{m_s-V_s\rho_w}{V}$	$\rho'=\rho_{sat}-\rho_w$ $\rho'=\dfrac{G_s-1}{1+e}\rho_w$ $\rho'=(G_s-1)(1-n)\rho_w$

第二节　土的含水率试验

一、试验目的

土的含水率变化将引起一系列物理力学响应。如含水率增加使黏性土稠度状态由坚硬变为软塑甚至流塑状态，力学强度降低；含水率减少使土颗粒排列更加紧密，造成黏土表面收缩开裂而影响土体渗透性和稳定性。含水率是计算土的干密度、孔隙比和饱和度等其他参数的必要指标，也是建筑地基、路堤和土坝等施工质量控制的重要依据。

实践中，含水率测试是了解土的含水情况和干湿状态，以便换算土的其他物理指标、进行工程设计和施工质量控制。

二、试验原理与方法

含水率 ω 定义为土中水的质量与土颗粒的质量之比，用百分数表示

$$\omega=\frac{m_w}{m_s}\times 100\%$$

根据含水率的定义，土体含水率试验需要确定土中水的质量和土颗粒质量。烘干法为含

水率室内试验的标准方法,将土样在烘箱内烘干至质量恒定。在野外当无烘箱设备或要求快速测定含水率时,可用酒精燃烧法测定细粒土含水率,比重法测定砂类土含水率。

本试验主要采用烘干法。烘干法是将土样放置于105～110 ℃(有机质含量为5%～10%的土,在65～70 ℃)恒温箱中加热,土中自由水和结合水先后变成水蒸气脱离土粒约束,土体质量逐渐减小。当土体质量不变时得到干土质量 m_s,蒸发的水分质量为 $m_w=m-m_s$。

三、试验仪器

土的含水率试验使用的仪器设备如下。

①烘箱:可采用电热烘箱或温度能保持在105～110 ℃的其他能源烘箱,如图1-3(a)所示。

②天平:称量200 g,精度0.01 g,如图1-3(b)所示。

③铝盒:盒盖和盒身应有对应编号,如图1-3(c)所示。

④其他:干燥器[图1-3(d)]、削土刀、钢丝锯、盛土容器等。

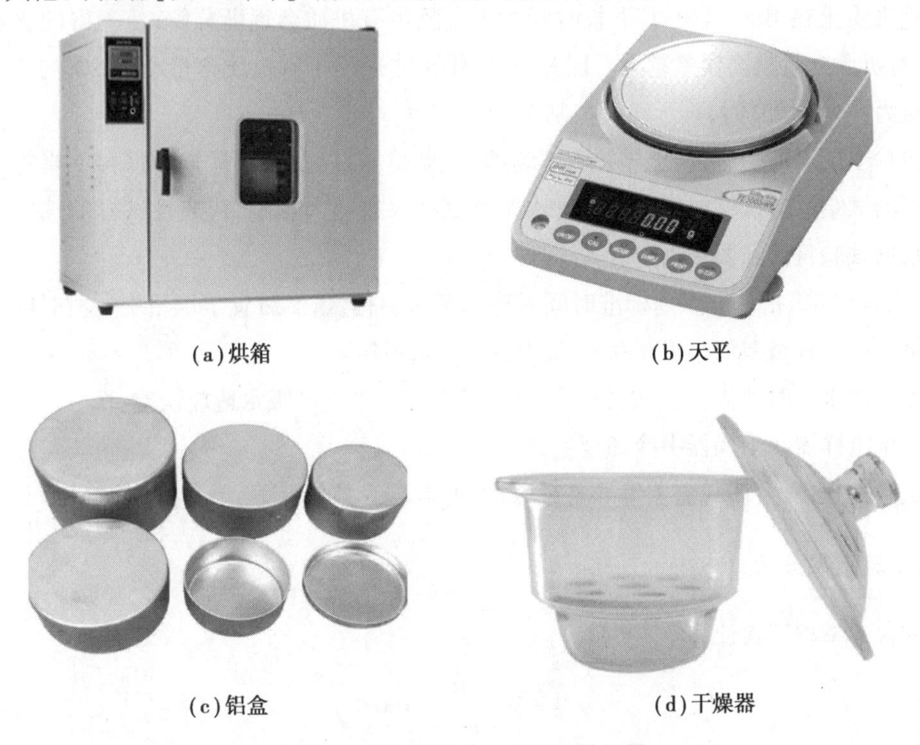

(a)烘箱 (b)天平

(c)铝盒 (d)干燥器

图1-3 烘干法测含水率常用的仪器

四、试验操作步骤

①称量擦净的干燥铝盒得 m_0 并记入表格,精度为0.01 g。

②从原状或扰动土样中取有代表性土样(细粒土15～30 g,砂类土50～100 g)放入铝盒中,立即盖上盒盖,称量盒加湿土质量 m_1 并记入表格,精度为0.01 g。

③打开铝盒盖套在盒底，在 105 ~ 110 ℃恒温烘箱中烘到质量恒定。烘干时间与土体类型和取土量有关，对黏质土不得少于 8 h，对砂类土不少于 6 h。对有机质含量为 5% ~10% 的土，应将烘干温度控制在 65 ~70 ℃的恒温下烘至恒量。

④将烘干后的试样和盒取出，盖好盒盖放入干燥器内冷却至室温，称盒加干土质量 m_2 并记入表格，精度为 0.01 g。

五、试验注意事项

①含水率试验应进行两次平行测定，取算术平均值，平行差值应满足表 1-2 的规定。

表 1-2　含水率测定的最大允许误差

含水率 ω/%	$\omega<5$	$5\leqslant\omega<10$	$10\leqslant\omega<40$	$\omega>40$
允许误差/%	±0.3	±0.5	±1.0	±2.0

②有机质土在 105 ~ 110 ℃下长时间烘干过程中有机质会逐渐分解，使测得的含水率偏大，土中有机质含量越高误差越大。因此，标准烘干法适用于有机质含量小于 5% 的土。当有机质含量为 5% ~10% 时，烘干温度控制在 65 ~70 ℃。

③原状土层不均匀、重塑土样拌和不匀、取土器挤压，以及土样运输和保存不当等都会影响含水率测试结果。试样的代表性对含水率测试结果有很大影响，代表性试样的选取方法和数量可根据试验目的和要求确定。

④“质量恒定”指试样烘到标准时间后冷却至室温称量，然后置于烘箱中一段时间再取出冷却称量。两次称量差值小于 0.01 g 认为试样质量恒定。

⑤测定含水率时动作要快，以免土体水分蒸发或从空气中吸水造成误差。

⑥烘干土样需在干燥器中冷却至室温再称量。

⑦试验过程中，盒体与盒盖编号要对应，不可弄混。

六、试验结果分析

土的含水率按下式计算

$$\omega = \frac{m_1 - m_2}{m_2 - m_0} \times 100\% \tag{1-24}$$

式中　ω——含水率，%；

m_1——盒加湿土质量，g；

m_2——盒加干土质量，g；

m_0——铝盒的质量，g；

(m_1-m_2)——土中水的质量，g；

(m_2-m_0)——土粒的质量，g。

七、实例分析

某试验场地地层为分布相对均匀的黏性土，现场取原状土样密封后，在室内采用烘干法测定其含水率，测试结果见表1-3。

表1-3　烘干法含水率测试记录表

样品号	盒号	盒质量 m_0/g	（盒+湿土）质量 m_1/g	（盒+干土）质量 m_2/g	水质量 (m_1-m_2)/g	干土质量 (m_2-m_0)/g	含水率/%	
							单值	平均值
1	1	11.75	34.93	29.72	5.21	17.97	28.99	28.71
	2	12.23	41.28	34.85	6.43	22.62	28.43	

上述实例中，含水率试验进行了两次平行测试，两次测定含水率均小于40%且两次测试差值为0.56%，满足表1-2规定的$10\leqslant\omega\leqslant40$时平行差值应小于1%，试验结果有效。因此，取两次平行测试的算术平均值28.71%作为该黏性土的含水率。

第三节　土的密度试验

一、试验目的

密度反映土体结构密实程度，是计算土体自重应力和孔隙比等其他换算指标的重要参数，是计算地基承载力、估算沉降量和土坡稳定性分析以及填土施工压实度控制的重要指标。

密度试验的目的是测定天然土体单位体积的质量，评价取样场地土体结构的密实程度，结合含水率和土粒比重测试结果计算土的其他物理指标。

二、试验原理与方法

土的密度是指单位体积土的质量，单位 g/cm^3（或 kg/m^3），一般指土的湿密度 ρ，与之相应的还有饱和密度 ρ_{sat}、干密度 ρ_d 和有效密度 ρ'。

根据土的密度定义，密度试验需要确定土体质量及其对应的体积。通常采用环刀法、蜡封法、灌水法和灌砂法测定土的密度。其中环刀法适用于测定黏性土等细粒土的密度，蜡封法适用于测定易碎和难切削土的密度，灌水法和灌砂法主要用于现场测定粗粒土的密度。

环刀法由于操作简单，是目前室内测定一般黏性土密度最常用的方法。其基本原理是采用特定体积的环刀取土样，称量土体质量即可计算土样密度。

三、试验仪器

①环刀：内径61.8 mm（面积60 cm^2）或内径79.8 mm（面积100 cm^2），高20 mm，壁厚

1.5 mm，如图 1-4(a)所示。

②天平：称量 500 g，精度 0.1 g；称量 200 g，精度 0.01 g。

③其他：切土刀[图 1-4(b)]、游标卡尺、钢丝锯[图 1-4(c)]、凡士林、玻璃片。

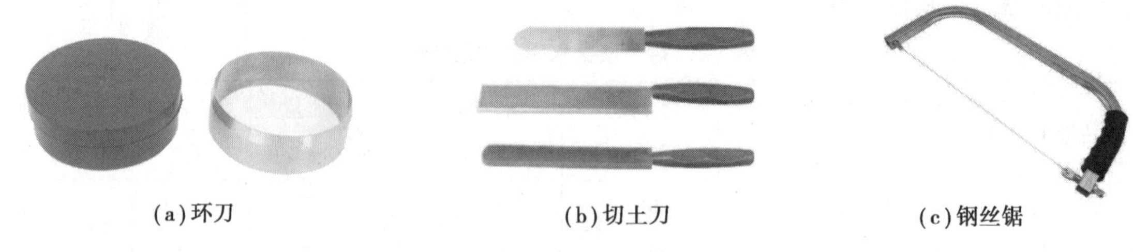

(a)环刀　　(b)切土刀　　(c)钢丝锯

图 1-4　环刀法测密度常用的仪器

四、试验操作步骤

①校核环刀质量与体积：采用游标卡尺测量环刀内径 d 和高度 h，计算环刀容积($V=\pi d^2 h/4$)；在天平上称量环刀质量 m_1 记入表格，精度为 0.01 g。

②取环刀土样：在环刀内壁涂一薄层凡士林，将环刀刃口向下放在原状或扰动土样上；用切土刀(或钢丝锯)将土样削成略大于环刀直径的土柱，然后将环刀垂直下压，边压边削至土样伸出环刀为止；削去两端多余土，使与环刀口面齐平，两端盖上平滑的玻璃片以免水分蒸发。

③土样称重：擦净环刀外壁上的土，称环刀与土的质量 m_2 记入表格，精度为 0.01 g。

④取剩余的代表性土样测定含水率。

五、试验注意事项

①为了保证试验的可靠性，土的密度试验必须进行两次平行测定，最大允许平行差值为 ±0.03 g/cm^3，取两次测值的算术平均值。当平行差值超过允许范围时，需核实所取试样的代表性，如有异常，则重新进行测定；如无异常，则应分别列出两次测定结果，以备选用。

②环刀取土时采用边削土边垂直轻压，应尽量避免扰动土样，不可用锤或其他工具将环刀打入土中。

③切平环刀两端多余土样时要迅速且细心，不可出现局部凹槽或凸起，保证土样体积与环刀容积一致。

④称重时必须擦净环刀外壁上的土，以免影响土样质量。

六、试验结果分析

土的天然密度 ρ 及干密度 ρ_d 按下式进行计算，计算至 0.01 g/cm^3。

$$\rho=\frac{m_2-m_1}{V} \tag{1-25}$$

$$\rho_d = \frac{\rho}{1 + 0.01\omega} \tag{1-26}$$

式中　ρ——土的天然密度，g/cm^3；

ρ_d——土的干密度，g/cm^3；

m_1——环刀质量，g；

m_2——环刀与土盒质量，g；

V——环刀体积，cm^3；

ω——土的天然含水率，%。

七、实例分析

某试验场地地层为分布相对均匀的黏性土，现场取原状土样密封后，在室内采用环刀法测定其密度，测试结果见表1-4。

表1-4　环刀法测密度试验记录表

样品号	环刀号	环刀质量 m_1/g	环刀加湿土质量 m_2/g	湿土质量 (m_2-m_1)/g	环刀体积 V/cm^3	密度 $\rho/(g\cdot cm^{-3})$（取两位小数）	
						单值	平均值
1	1	39.42	152.71	113.29	60	1.89	1.89
	2	43.04	155.73	112.69	60	1.88	

注：测量质量和密度取两位有效数字。

通过环刀法测量土的密度，两次测定的差值为 0.01 g/cm^3，满足最大允许平行差值为 ±0.03 g/cm^3 的要求，测试结果有效，取算术平均值 ρ=1.89 g/cm^3 作为该场地黏性土的密度。根据烘干法含水率试验，该黏性土的天然含水率 ω=28.71%，干密度为 ρ_d=1.47 g/cm^3。

第四节　土粒比重试验

一、试验目的

测定土粒的比重，为计算土的孔隙比、饱和度以及其他物理力学性质提供必需的数据。

二、试验原理与方法

比重 G_s 是试样在 105 ℃温度下烘干至恒重时，土粒质量与同体积 4 ℃时纯水质量之比。比重也称为相对密度，表示单位体积土粒的质量

$$G_s = \frac{\rho_s}{\rho_{w4}} = \frac{m_s}{V_s \rho_{w4}} \tag{1-27}$$

式中 G_s——土粒的比重；

ρ_s——土粒的密度，g/cm^3；

ρ_{w4}——4 ℃时纯水的密度，$\rho_{w4}=1.0$ g/cm^3；

V_s——土粒的体积，cm^3。

一般情况下，土粒比重在数值上就等于土粒密度，但两者的含义不同。测定土粒比重时，土粒的质量可用天平直接称量，土粒的体积用排开与土粒相同体积液体的方法测定。根据土粒粒径的差异，可采用比重瓶法、浮称法和虹吸筒法测定土粒的比重。

①比重瓶法：适用于测定粒径 $d_s<5$ mm 的土样，也是室内测定土粒比重最常用的方法。在比重瓶中装入烘干土粒称重获得土粒质量 m_s，根据土粒排开液体体积代表土粒体积 V_s，计算土粒比重。

②浮称法：适用于土粒粒径 $d_s \geqslant 5$ mm，且 $d_s>20$ mm 的颗粒含量小于 10% 时。该方法是将土颗粒置于网筐中称量在水中的潜重，然后取出网筐中的土颗粒烘干称重。试样干重减去其在水中的潜重即为试样体积。

③虹吸筒法：适用于土粒粒径 $d_s \geqslant 5$ mm，且 $d_s>20$ mm 的颗粒含量不小于 10% 时。该方法将土颗粒放入盛有一定水位的虹吸筒中，排开的水量相当于试样的体积。

若待测土样为混合土，土粒粗细兼有，则采用比重瓶法测定小于 5 mm 的颗粒比重，采用浮称法测大于 5 mm 的颗粒比重，取土粒的平均比重

$$G_{sm} = \frac{1}{\dfrac{P_1}{G_{s1}} + \dfrac{P_2}{G_{s2}}} \tag{1-28}$$

式中 G_{sm}——土粒的平均比重；

G_{s1}——粒径 $d_s \geqslant 5$ mm 的土粒比重；

G_{s2}——粒径 $d_s<5$ mm 的土粒比重；

P_1——粒径 $d_s \geqslant 5$ mm 的土粒质量百分比；

P_2——粒径 $d_s<5$ mm 的土粒质量百分比。

本试验仅介绍最为常用的比重瓶法，浮称法和虹吸筒法的详细流程参考《土工试验方法标准》(GB/T 50123—2019)。

三、试验仪器

①比重瓶：容量 100 mL 或 50 mL，分长颈和短颈两种，如图 1-5(a)所示；

②天平：称量 200 g，精度 0.001 g；

③砂浴：应能调节温度，如图 1-5(b)所示；

④恒温水槽：最大允许误差应为±1 ℃，如图 1-5(c)所示；

⑤真空抽气设备:真空度-98 kPa;

⑥温度计:测量范围0～50 ℃,精度0.5 ℃;

⑦其他:烘箱、纯水、中性液体(煤油等)、孔径5 mm筛、漏斗、滴管等。

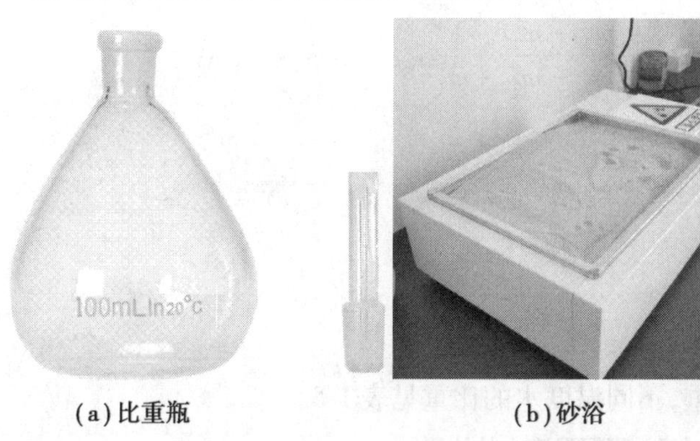

(a)比重瓶　(b)砂浴　(c)恒温水槽

图1-5　比重试验常用的仪器

四、试验操作步骤

①试样准备:取有代表性的土样风干研磨并过5 mm孔径筛,将过筛风干土样和洗净的比重瓶在105 ℃烘箱中烘干后冷却备用。

②干土称重:将烘干冷却的比重瓶在天平上称量得瓶重m_1;当使用100 mL比重瓶时,称粒径小于5 mm的烘干土约15 g装入;当使用50 mL比重瓶时,称粒径小于5 mm的烘干土约12 g装入。称量(比重瓶+干土)质量m_2,则干土质量$m_s=m_2-m_1$;精度为0.001 g。

③煮沸排气:将纯水注入装有干土的比重瓶至半满,摇动比重瓶使土粒分散,将比重瓶放于砂浴中煮沸。煮沸时间自悬液沸腾起,砂土及粉土不少于30 min,黏性土不少于1 h,使土粒充分分散。

④调温称重:将煮沸的比重瓶冷却至恒温,注满纯水,塞好瓶塞,使多余水分从瓶塞毛细管中溢出,擦干瓶外水分,称瓶、水和土合重m_3,精确至0.001 g。

⑤称瓶水重:洗净比重瓶,注满纯水,塞好瓶塞,使多余水分从瓶塞毛细管中溢出,擦干瓶外水分,称瓶和水的质量m_4,精确至0.001 g。

五、试验注意事项

①本试验必须进行两次平行测定,两次测定的差值不大于0.02,取两次测值的平均值。

②一般土粒的比重应用纯水测定。对含有易溶盐、亲水性胶体或有机质的土,应用煤油等中性液体替代纯水测定,采用真空抽气法代替煮沸排出空气。

③煮沸排气时防止悬液溅出,称量时比重瓶外的水分必须擦拭干净。

④试验第4步和第5步操作及平行试验,必须保持比重瓶中水的温度一致。

六、试验结果分析

土粒的比重应用下式进行计算

$$G_s = \frac{m_2 - m_1}{m_4 + m_2 - m_1 - m_3} G_{wT} \tag{1-29}$$

式中 G_s——土粒比重,精确至0.001;

m_1——空瓶质量,g;

m_2——瓶加干土质量,g;

m_3——瓶、水、土总质量,g;

m_4——瓶、水总质量,g;

G_{wT}——温度为 T 时纯水的比重,不同温度水的比重见表1-5。

表1-5 不同温度水的比重

水温/℃	4.0~12.5	12.6~19.0	19.1~23.5	23.6~27.5	27.6~30.5	30.6~33.5
水的比重	1.000	0.999	0.998	0.997	0.996	0.995

七、实例分析

某试验场地地层为分布相对均匀的黏性土,现场取原状土样密封后运至实验室,采用比重瓶法测定其土粒比重,测试结果见表1-6。

表1-6 比重试验记录表

试样编号	比重瓶号	温度/℃	纯水比重 G_{wT}	比重瓶质量 m_1/g	瓶+干土质量 m_2/g	瓶+水+土质量 m_3/g	瓶+水质量 m_4/g	比重 G_s	平均值	备注
1	1	20	0.998	25.894	41.192	142.072	132.383	2.722	2.718	
	2	20	0.998	25.496	40.699	142.005	132.394	2.713		

试验温度为20 ℃,查表1-5得此时水的比重为0.998。由表1-6可知,两次平行试验测定的土粒比重分别为2.722和2.713,两次测定的差值为0.009,满足两次测定差值不大于0.02的要求,测定结果有效,取算术平均值 $G_s=2.718$。

第二章

土的颗粒分析试验

第一节 颗粒成分基础知识

一、粒径

天然形成的土颗粒形状各异，存在球状、角砾状、片状和针状等形态。为了便于描述和分析，将土颗粒视作圆球形，将直径作为颗粒粒径，称为等值粒径。实践中，将土粒能通过的最小筛孔孔径作为粗粒土的粒径，将静水中具有相同下沉速度的当量球体直径作为细粒土的粒径。

二、粒组

土力学中将工程性质相近的颗粒归类，称为粒组。颗粒分析试验是将土样按颗粒大小分成不同粒组的过程。将土样按粒组分类可粗略判定其透水性、可塑性及胀缩性等物理性质。《土的工程分类标准》(GB/T 50145—2007)根据土颗粒粒径范围，将土的粒组划分为表 2-1 所示的几类。

表 2-1 粒组划分

粒组	颗粒名称		粒径 d 的范围/mm	一般特性
巨粒	漂石(块石)		$d>200$	透水性很大，无黏性，无毛细作用
	卵石(碎石)		$60<d\leq200$	
粗粒	砾粒	粗砾	$20<d\leq60$	透水性大，无黏性，毛细水上升高度小于粒径
		中砾	$5<d\leq20$	
		细砾	$2<d\leq5$	
	砂粒	粗砂	$0.5<d\leq2$	易透水，无黏性，无塑性，遇水不膨胀，干燥时松散，毛细水上升高度不大，随粒径减小而增大，一般不超过 1.0 m
		中砂	$0.25<d\leq0.5$	
		细砂	$0.075<d\leq0.25$	

续表

粒组	颗粒名称	粒径 d 的范围/mm	一般特性
细粒	粉粒	$0.005<d\leqslant0.075$	透水性较弱，湿时有毛细力，略呈黏性，遇水膨胀小，干时有收缩，毛细水上升高度较大、较快，湿土振动有水析出，极易出现冻胀现象
	黏粒	$d\leqslant0.005$	透水性很弱，湿时有黏性、可塑性，遇水膨胀大，干时收缩显著，毛细水上升高度大，但速度较慢

三、颗粒级配

土中某粒组的含量定义为一定质量的干土中，该粒组的土粒质量占干土总质量的百分数。土样中各粒组的相对含量称为土的级配。土颗粒的级配通常采用级配曲线或颗粒大小分布曲线来表示，如图 2-1 所示。工程上将含有多个不同粒组，且各粒组含量相差不大的土称为级配良好的土；把仅含有 1 ~ 2 个粒组组成的土或由粗粒和细粒组成，而缺少中间粒组的土称为级配不良的土。级配良好的土，其压实密度大、孔隙率低、透水性小、强度高、压缩性低；反之，级配不良的土，其压实密度小、强度低、透水性强、渗透稳定性差。

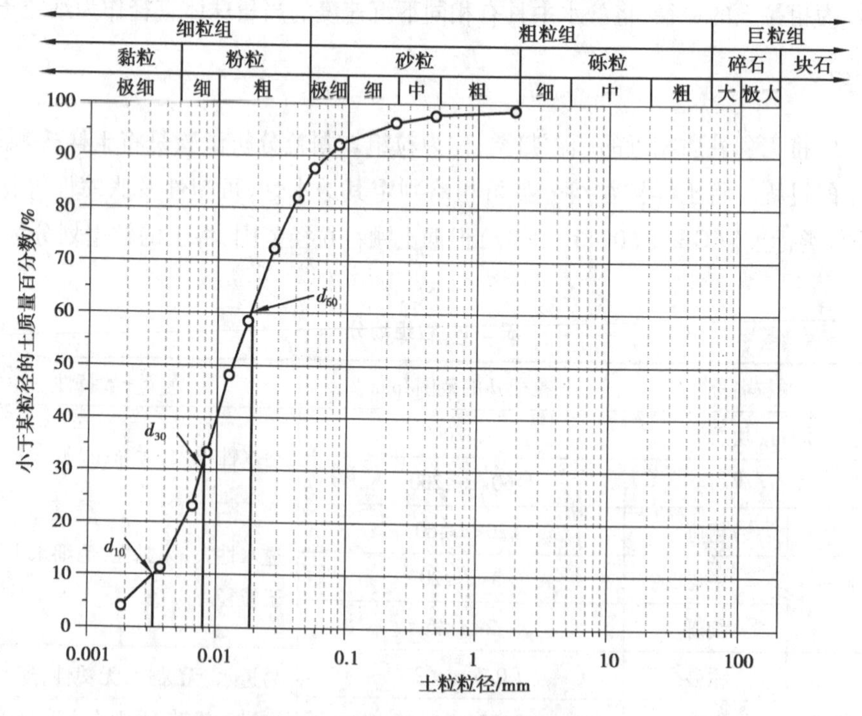

图 2-1 颗粒大小分布与粒组划分

在颗粒分析获得的级配曲线上，采用 d_{10}、d_{30} 和 d_{60} 表示颗粒含量小于 10%、30% 和 60% 对应的粒径，其中 d_{10} 和 d_{60} 称为有效粒径和控制粒径。对于砂土 d_{10} 越小，渗透性越低；黏性土 d_{10} 越小，可塑性越高，胀缩性越明显。因此，土的级配特征可以采用不均匀系数 C_u 和曲率系数 C_c 两个参数来描述。

不均匀系数 C_u 定义为

$$C_u = \frac{d_{60}}{d_{10}} \tag{2-1}$$

曲率系数 C_c 定义为

$$C_c = \frac{{d_{30}}^2}{d_{10} \times d_{60}} \tag{2-2}$$

工程中一般采用不均匀系数 C_u 和曲率系数 C_c 来反映土的工程性质。不均匀系数 C_u 越小，级配曲线越陡，表明土颗粒越均匀；反之，说明土颗粒组成越不均匀。曲率系数 C_c 反映土颗粒分布范围。根据工程经验，当 $C_u \leq 5$ 时，属级配均匀的土；当 $C_u > 5$ 时，属级配不均匀的土；当 $1 \leq C_c \leq 3$ 时，属级配良好的土，否则是级配不良的的土。

四、粗粒土分类

《土的工程分类标准》(GB/T 50145—2007)规定土按其不同粒组的相对含量分为巨粒类土、粗粒类土和细粒类土。其中巨粒类土按粒组划分，粗粒类土按粒组、级配和细粒土含量划分，细粒类土按塑性图、所含粗粒类别及有机质含量划分。

巨粒类土的分类应符合表 2-2 的规定。

表 2-2　巨粒类土的分类

土类	粒组含量		代号	名称
巨粒土	巨粒含量>75%	漂石含量大于卵石含量	B	漂石(块石)
		漂石含量不大于卵石含量	Cb	卵石(碎石)
混合巨粒土	50%<巨粒含量≤75%	漂石含量大于卵石含量	BS1	混合土漂石(块石)
		漂石含量不大于卵石含量	CbS1	混合土卵石(块石)
巨粒混合土	15%<巨粒含量≤50%	漂石含量大于卵石含量	S1B	漂石(块石)混合土
		[illegible]石含量	S1Cb	卵石(碎石)混合土

试样中巨粒组含量不大于[illegible]，按粗粒类土或细粒类土的相应规定分类。

试样中粗粒组含量大于 50% 的土称为粗粒类。其中砾粒组含量大于砂粒组含量的土称为砾类土，砾粒组含量不大于砂粒组含量的土称为砂类土。

砾类土的分类应符合表 2-3 的规定。

表 2-3　砾类土的分类

土类	粒组含量		代号	名称
砾	细粒含量<5%	级配 $C_u \geqslant 5, 1 \leqslant C_c \leqslant 3$	GW	级配良好砾
		级配:不同时满足上述要求	GP	级配不良砾
含细粒土砾	5% ≤细粒含量<15%		GF	含细粒土砾
细粒土质砾	15% ≤细粒含量<50%	细粒组中粉粒含量不大于 50%	GC	黏土质砾
		细粒组中粉粒含量大于 50%	GM	粉土质砾

砂类土的分类应符合表 2-4 的规定。

表 2-4　砂类土的分类

土类	粒组含量		代号	名称
砂	细粒含量<5%	级配 $C_u \geqslant 5, 1 \leqslant C_c \leqslant 3$	SW	级配良好砂
		级配:不同时满足上述要求	SP	级配不良砂
含细粒土砂	5% ≤细粒含量<15%		SF	含细粒土砂
细粒土质砂	15% ≤细粒含量<50%	细粒组中粉粒含量不大于 50%	SC	黏土质砂
		细粒组中粉粒含量大于 50%	SM	粉土质砂

第二节　颗粒分析试验

一、试验目的

颗粒分析试验用以测定土中各粒组占土总质量百分数,明确颗粒粒度分布情况,判断土的组成和级配性质,为进行土的工程分类、初步判断其工程性质和建材选料提供依据。

二、试验原理与方法

土的粒度分析一般采用筛析法和密度计法。其中,筛析法适用于粒径大于 0.075 mm 的土,将干土样放在具有不同孔径的标准筛顶层中置于筛分机上振筛,粗粒径土样留在筛子上,细粒筛入下一级,最后称量各级筛中和底盘内试样的质量,计算各级粒度组分占土总质量的百分比。密度计法适用于粒径小于 0.075 mm 的土,其原理是颗粒在水中的沉降速率与颗粒直径的平方成正比,通过测定土粒沉降速率确定其粒径。当土样中粒径大于和小于 0.075 mm 的颗粒均超过 10% 时,需联合使用筛析法和密度计法。本试验仅介绍筛析法。

三、试验仪器

①粗筛:孔径 60 mm、40 mm、20 mm、10 mm、5 mm、2 mm。

②细筛:孔径 2.0 mm、1.0 mm、0.5 mm、0.25 mm、0.1 mm、0.075 mm。

③天平:称量 5 000 g,精度 1 g;称量 1 000 g,精度 0.1 g;称量 200 g,精度 0.01 g。

④振筛机:筛析过程中可上下振动或水平转动,如图 2-2 所示。

⑤其他:烘箱、量筒、漏斗、研钵、瓷盘、毛刷、木碾等。

图 2-2　标准振筛机

四、试验操作步骤

①将土样风干并用木碾碾压,使其颗粒分散成单粒状。

②四分法取代表性土样:如图 2-3 所示,将试样均匀铺开,画十字对角线,取对角试样均匀混合,经两次四分法取样,获得全部土样 1/4 的样品。土样数量应满足表 2-5 的规定,称取土样时精确至 0.1 g,试样质量大于 500 g 时精确至 1 g。

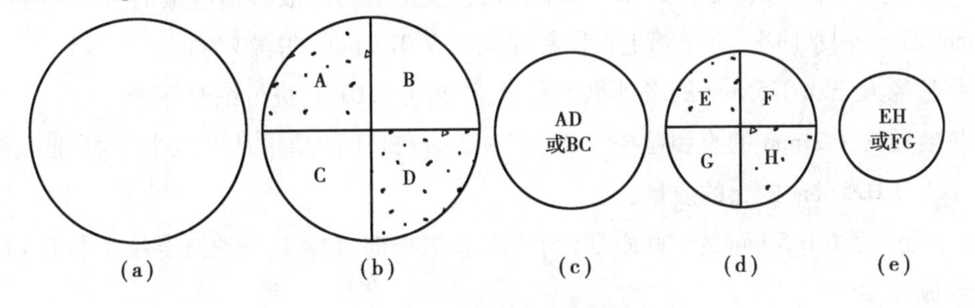

图 2-3　四分法取样示意图

表 2-5　筛析法取样数量

颗粒最大粒径/mm	取样质量/g
<2	100 ~ 300
<10	300 ~ 1 000
<20	1 000 ~ 2 000

续表

颗粒最大粒径/mm	取样质量/g
<40	2 000 ~ 4 000
<60	4 000 以上

③砂砾土筛析试验步骤：

a. 按表 2-5 规定的数量取土样过 2 mm 细筛，分别称出筛上和筛下土的质量。

b. 当 2 mm 筛下的土质量小于试样总质量的 10% 时，不进行细筛筛析；当 2 mm 筛上的土质量小于试样总质量的 10% 时，不进行粗筛筛析。

c. 取 2 mm 筛上试样倒入依次叠好的粗筛最上层筛中，进行粗筛筛析；取 2 mm 筛下试样倒入依次叠好的细筛最上层筛中，细筛置于振筛机上振摇进行细筛筛析，振筛时间为 10 ~ 15 min。

d. 由最大孔径筛开始，顺序取下各筛，分别称量留在各筛上的试样质量，精确至 0.1 g。

e. 筛后各级筛上和筛底试样质量总和与筛前试样总质量差值，不得大于试样总质量的 1%。

④含有黏土粒的砂砾土筛析试验步骤：

a. 将土样放在橡皮板上用木碾将土团碾散，用四分法取代表性试样，置于盛有清水的瓷盆中，用搅棒搅拌，使试样充分浸润、粗细颗粒分离。

b. 将浸润后的混合液过 2 mm 细筛，边搅拌边冲洗边过筛，直至筛上仅留大于 2 mm 的土粒为止。然后将筛上的土烘干称量，精确至 0.1 g，进行粗筛筛析。

c. 用带橡皮头的研杵研磨粒径小于 2 mm 的混合液，待稍沉淀，将上部悬液过 0.075 mm 筛。再向瓷盆加清水研磨，静置过筛。如此反复，直至盆内悬液澄清。最后将全部土料倒在 0.075 mm 筛上，用水冲洗，直至筛上仅留粒径大于 0.075 mm 的净砂为止。

d. 将粒径大于 0.075 mm 的净砂烘干称量，精确至 0.01 g，进行细筛筛析。

e. 将粒径大于 2 mm 的土和粒径为 0.075 ~ 2 mm 的土的质量从原取土总质量中减去，即得粒径小于 0.075 mm 的土的质量。

f. 当粒径小于 0.075 mm 的试样质量大于总质量 10% 时，按密度计法测定粒径小于 0.075 mm 的颗粒组成。

五、试验注意事项

①采用四分法取土样时务必使土样充分混合均匀，减少取样误差。

②试验前须检查筛的顺序是否按孔径大小排列，检查筛孔有无土粒堵塞，若筛孔被堵塞则用铜丝刷清扫干净。

③筛分时须细心，避免土样洒落，影响试验精度。

六、试验结果分析

1. 各组分含量计算

小于某粒径的试样质量占试样总质量的百分数应按式(2-3)计算

$$X=\frac{m_A}{m_B}d_x \tag{2-3}$$

式中 X——小于某粒径的试样质量占试样总质量的百分数,%;

m_A——小于某粒径的试样质量,g;

m_B——当用细筛分析时或当用密度计法分析时所取试样质量(粗筛分析时则为试样总质量),g;

d_x——小粒径小于 2 mm 或粒径小于 0.075 mm 的试样质量占总质量的百分数,%。

2. 绘制级配曲线

以小于某粒径的试样质量占试样总质量的百分数为纵坐标,以颗粒粒径为横坐标,在单对数坐标图上绘制颗粒大小分布曲线。

3. 计算级配指标

按式(2-1)和式(2-2)计算土样的级配指标不均匀系数 C_u 和曲率系数 C_c,给土样定名,并评价土样级配及选材。

第三节　颗粒分析实例

对某工程场地土样进行颗粒分析试验,取风干土样 503.0 g,2 mm 筛上土质量为 158.5 g,2 mm 筛下土质量为 343.9 g,筛后各筛总质量为 502.4 g,小于筛前试样总质量的 1%。试验记录见表 2-6,采用式(2-3)计算小于某粒径的试样占总质量的百分数。

表 2-6　筛析法颗粒分析试验记录

风干土质量 = 503.0 g　　小于 0.075 mm 的土占总土质量百分数 X= 9.91 %

2 mm 筛上土质量 = 158.5 g　　小于 2 mm 的土占总土质量百分数 d_x= 68.45 %

2 mm 筛下土质量 = 343.9 g　　细筛分析时所取试样质量 m_B= 343.9 g

试验筛编号	孔径/mm	累积留筛土质量/g	小于某粒径的试样质量 m_A/g	大于某粒径的试样质量百分数/%	小于某孔径的试样质量占总质量的百分数 X/%
1	20	0	502.4	0.00	100.00
2	10	2.6	499.8	0.52	99.48
3	5	53.2	446.6	11.11	88.89
4	2	102.7	343.9	31.55	68.45

续表

试验筛编号	孔径/mm	累积留筛土质量/g	小于某粒径的试样质量 m_A/g	大于某粒径的试样质量百分数/%	小于某孔径的试样质量占总质量的百分数 X/%
5	1	55.8	288.1	42.66	57.34
6	0.5	101.6	186.5	62.88	37.12
7	0.25	83.2	103.3	79.44	20.56
8	0.075	53.5	49.8	90.09	9.91
底盘合计	0	49.8	0	100.00	0.00

根据试验结果，粒径小于0.075 mm的土占总土质量百分数X=9.91%，小于10%，按规范可不进行粒径小于0.075 mm的颗粒组成分析。由本章第一节可知，粒径大于2 mm的土粒含量为31.55%，土样属于砂类土中的砾砂；粒径小于0.075 mm的细粒含量为9.91%，介于5%～15%，更详细的工程分类为含细粒土砾砂。

根据试验结果绘制该土样颗粒累积曲线，如图2-4所示。从级配曲线获得土样的有效粒径d_{10}=0.078 mm，控制粒径d_{60}=1.30 mm，累积百分比小于30%的粒径d_{30}=0.39 mm。按式(2-1)和式(2-2)计算土样的级配指标不均匀系数C_u=16.67和曲率系数C_c=1.5。由于C_u>5，1≤C_c≤3，该土样颗粒组成不均匀，且属于级配良好的土。

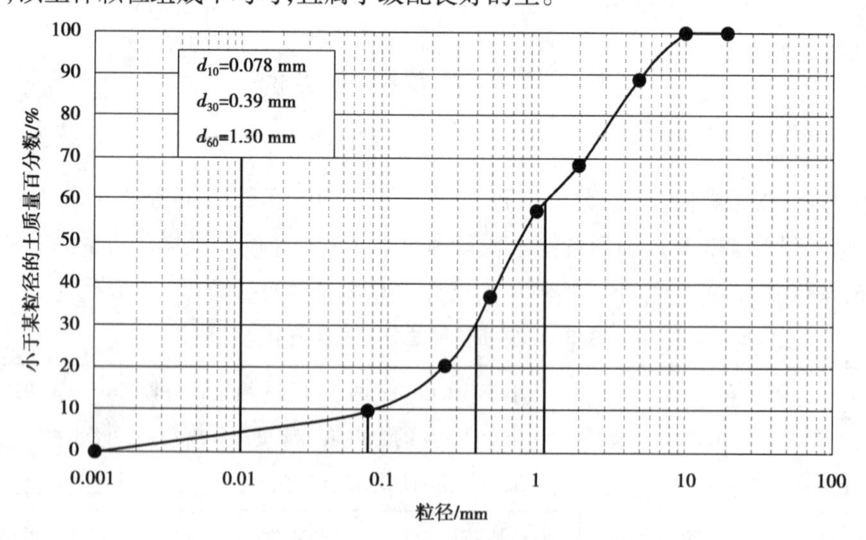

图2-4 颗粒级配累积曲线

第三章

土的界限含水率试验

第一节 界限含水率基础知识

一、稠度与界限含水率

稠度是指黏性土的干湿程度或在某一含水率条件下抵抗外力作用而变形或破坏的能力。除与黏性土自身的矿物成分和含量有关外，主要受含水率的影响。黏性土在不同含水条件下呈现出固态、半固态、可塑状态和流动状态等稠度状态。土体处于流动状态时具有液态的性质，抗剪强度接近于零，施加很小的剪力即发生较大的变形甚至流动；可塑状态指土体在施加外力后可以发生任意形状的塑性变形，而撤销外力后变形不恢复；半固态时土体不能发生任意形状的塑性变形，具有较大的抗剪强度。因此，稠度反映了土粒间的连接强度，决定着土的变形和强度等力学性质。

黏性土由一种状态向另一种状态转变的含水率称为界限含水率，如图3-1所示。其中，可塑状态向流动状态转变的界限含水率称为液限 ω_L；可塑状态与半固态的界限含水率称为塑限 ω_P；半固态土失水体积收缩，直到体积不再收缩时对应的界限含水率称为缩限 ω_s。

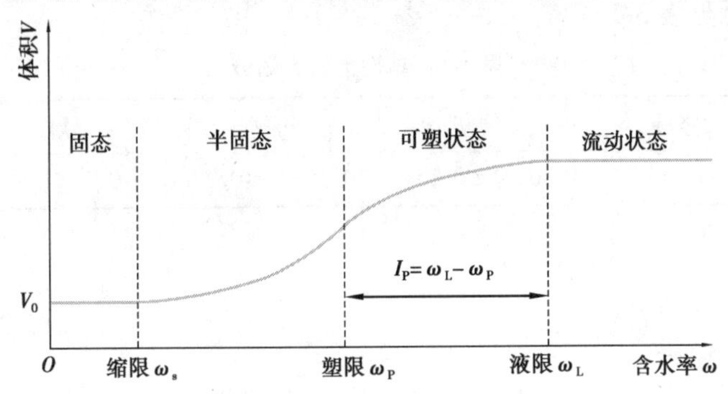

图3-1 土的状态与界限含水率

含水率增减引起土的稠度状态变化,本质上与土中结合水膜厚度变化有关。土体处于流动状态时颗粒间距离增大,粒间连接力消失,自由水起决定性作用;随着含水率减小,自由水含量减小,颗粒间相互作用力加强,土体具备一定抗剪强度,相互重叠的结合水膜使土体处于可塑状态;含水率进一步减小,颗粒周围弱结合水膜变薄,土粒间相互作用力加强,土体孔隙中逐渐出现空气,体积收缩,进入半固态;含水率再继续减小,若结合水膜完全消失,孔隙中空气增多,颗粒间连接力取决于强结合水膜,土体体积不再有明显的减小,土体进入固态。

二、塑性指数和液性指数

1. 塑性指数 I_P

塑性指数 I_P 反映土体处于可塑状态时含水率的变化范围,用去掉百分号后土体液限与塑限之差来表示

$$I_P = \omega_L - \omega_P \tag{3-1}$$

塑性指数取整数,其大小与一定质量土粒中结合水的最大可能含量有关。而土中结合水含量与土的粒径、矿物成分、阳离子类型和浓度等有关。通常塑性指数越大,黏粒含量越高,因此将塑性指数作为细粒土分类的重要指标之一。

2. 液性指数 I_L

液性指数 I_L 定义为天然含水率和塑限之差($\omega-\omega_P$)与塑性指数 I_P 的比值

$$I_L = \frac{\omega - \omega_P}{\omega_L - \omega_P} \tag{3-2}$$

液性指数表征天然含水率与界限含水率之间的相对关系,反映天然含水率所处的状态。液性指数越小,土体越坚硬;反之,液性指数越大,土体越稀软。

当 $\omega \leqslant \omega_P$,$I_L \leqslant 0$,土体处于坚硬状态;

当 $\omega_P < \omega \leqslant \omega_L$,$0 < I_L \leqslant 1$,土体处于可塑状态;

当 $\omega > \omega_P$,$I_L > 1$,土体处于流动状态。

工程实践中,常采用液性指数 I_L 来划分黏性土的稠度状态。《建筑地基基础设计规范》(GB 50007—2011)根据液性指数将黏性土的稠度状态划分为坚硬、硬塑、可塑、软塑和流塑 5 种状态,其划分依据见表 3-1。

表 3-1　黏性土状态划分

状态	坚硬	硬塑	可塑	软塑	流塑
液性指数 I_L	$I_L \leqslant 0$	$0 < I_L \leqslant 0.25$	$0.25 < I_L \leqslant 0.75$	$0.75 < I_L \leqslant 1$	$I_L > 1$

三、塑性图

塑性图是以土的液限 ω_L 为横坐标、塑性指数 I_P 为纵坐标绘制而成,用于判断细粒土的性质,如图 3-2 所示。在塑性图中,以 B 线 $\omega_L = 50\%$ 为界限将液限分为低液限(L)和高液限

(H);根据土体物质组成分为黏土(C)和粉土(M),O 代表土中有机质。因此根据塑性图,将土体分为低液限黏土(CL)、高液限黏土(CH)、低液限粉土(ML)、高液限粉土(MH);当土体中含有有机质时,进一步细分为有机质低液限黏土(CLO)、有机质高液限黏土(CHO)、有机质低液限粉土(MLO)、有机质高液限粉土(MHO)。虚线表示粉土与黏土的过渡区域。

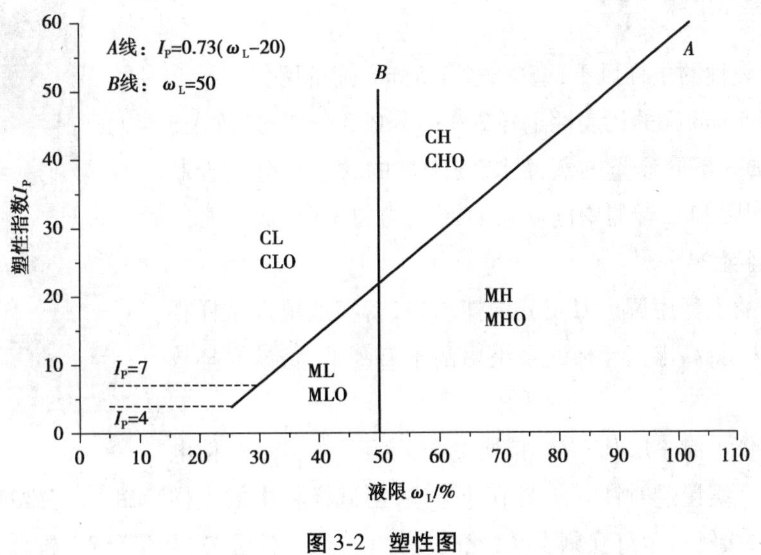

图 3-2　塑性图

第二节　液塑限联合测定法

一、试验目的

了解黏性土界限含水率的定义,掌握液限、塑限含水率的试验方法和操作步骤,计算土样的塑性指数和液性指数,进行细粒土分类并判定其稠度状态和工程性质。

二、试验原理与方法

界限含水率是黏性土分类及工程性质评价的重要指标,目前最常用的方法是液限、塑限联合测定法。通过液塑限联合测定仪测得不同含水率时圆锥入土深度,在双对数坐标纸上确定圆锥入土深度为 17 mm 和 2 mm 所对应的含水率即为液限和塑限。

三、试验仪器

①液塑限联合测定仪包括圆锥仪、电磁铁、显示屏、控制开关和试样杯。圆锥仪质量为 76 g,锥角为 30°,测定仪如图 3-3 所示。

②试样杯:直径 40 ~ 50 mm,高 30 ~ 40 mm。

③天平:称量 200 g,精度 0.01 g。

④标准筛:孔径0.5 mm。

⑤其他:调土刀、刮土刀、盛土皿、铝盒、凡士林、干燥器、烘箱、保湿缸等。

四、试验操作步骤

①取有代表性的土样风干,磨碎,过0.5 mm筛备用。

②取过0.5 mm筛的代表性土样200 g,分成3份,分别放入3个盛土皿中,加入不同质量的蒸馏水,使土样的含水率分别控制在接近液限、塑限和二者的中间状态。调成均匀土膏,放入密封的保湿缸中,静置24 h。

③制备好的土膏用调土刀充分调拌均匀,密实地填入试样杯中,应使空气逸出,高出试样杯的余土用刮土刀刮平,将试样杯放在升降台上。

图3-3 液塑限联合测定仪

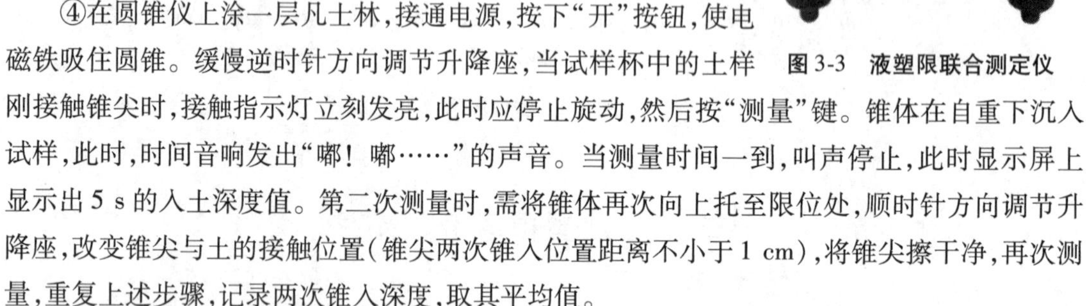

④在圆锥仪上涂一层凡士林,接通电源,按下“开”按钮,使电磁铁吸住圆锥。缓慢逆时针方向调节升降座,当试样杯中的土样刚接触锥尖时,接触指示灯立刻发亮,此时应停止旋动,然后按“测量”键。锥体在自重下沉入试样,此时,时间音响发出“嘟! 嘟……”的声音。当测量时间一到,叫声停止,此时显示屏上显示出5 s的入土深度值。第二次测量时,需将锥体再次向上托至限位处,顺时针方向调节升降座,改变锥尖与土的接触位置(锥尖两次锥入位置距离不小于1 cm),将锥尖擦干净,再次测量,重复上述步骤,记录两次锥入深度,取其平均值。

⑤去掉锥尖入土处的凡士林,取10 g以上的土样两个,分别装入铝盒内,称质量,测定其含水率,计算含水率平均值。

⑥重复以上步骤,测定其他两个含水率土样的锥入深度和含水率。

五、试验注意事项

①界限含水率试验适用于粒径小于0.5 mm,以及有机质含量不大于试样总质量5%的土。

②土样倒入试样杯时,土样中不能留有空隙;当含水率较低,调土刀不易拌匀时需用手反复揉捏使土样均匀。

③圆锥仪平稳放置,避免产生冲击力。

④三组含水率应接近液限、塑限和二者的中间状态,对应的圆锥入土深度分别为3~4 mm、7~9 mm和15~17 mm。

⑤试验进行两次平行测定,两次平行测定差值不大于2%,取算术平均值,计算精确至0.1%。

六、试验结果分析

1. 绘图法求液塑限

①在双对数坐标纸上，以含水率 ω 为横坐标、锥入深度 h 为纵坐标，绘制 ω-h 关系曲线，如图 3-4 所示。

②将 3 组试验获得的 3 个含水率与锥入深度点连成直线（A 线）。

③若三点不在同一直线上，通过高含水率的一点与其余两点连成两条直线，在圆锥下沉深度 2 mm 处查得两条直线对应的含水率。当两个含水率差值小于 2% 时，以该两点含水率的平均值与高点含水率连成一条直线（B 线）；当两个含水率的差值大于或等于 2% 时，应补做试验。

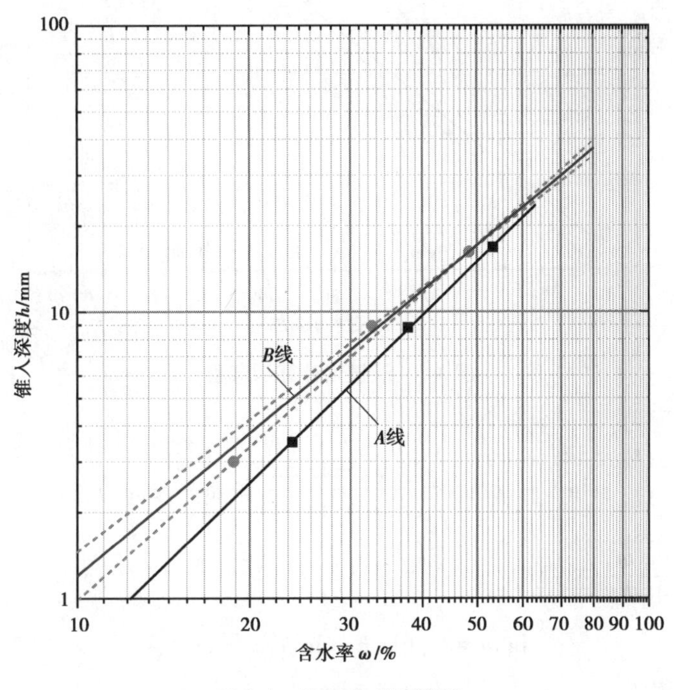

图 3-4　绘图法求液塑限

④确定液限和塑限：在含水率与锥入深度关系曲线图上查值，锥入深度为 17 mm 所对应的含水率为液限 ω_L，锥入深度为 2 mm 所对应的含水率为塑限 ω_P。

⑤计算塑性指数：$I_P=\omega_L-\omega_P$。

⑥计算液性指数：$I_L=\dfrac{\omega-\omega_P}{\omega_L-\omega_P}$，其中 ω 为天然含水率。

⑦成果应用：根据液限、塑限、液性指数和塑性指数，判断黏性土的物理状态，对土样进行分类，给出土样的名称并分析其工程性质。

2. 计算法确定液限和塑限

图解法确定液限和塑限需要专门的双对数坐标纸，且有人为视差。为减小作图法对试验结果的影响，可采取直接计算的方法求解液塑限。

如图 3-5 所示，以含水率为横坐标，以圆锥入土深度为纵坐标，在双对数坐标纸上绘制含水率与圆锥入土深度关系曲线，横轴取值 $\lg \omega$，纵轴取值 $\lg h$。将 3 个点的数据按从大到小的顺序进行排列，A 点为最大值，B 点为中间值，C 点为最小值。

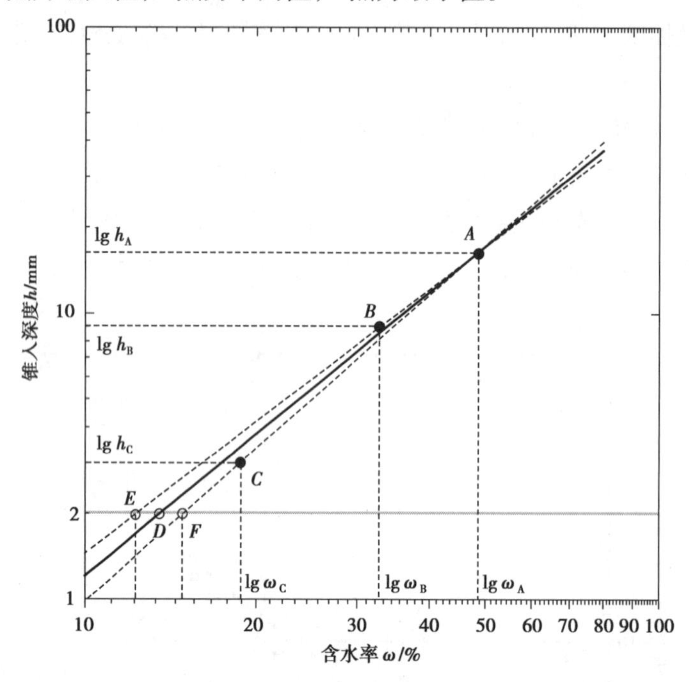

图 3-5 液塑限计算示意图

直线 AB 的方程为

$$\lg h - \lg h_A = \frac{\lg h_A - \lg h_B}{\lg \omega_A - \lg \omega_B}(\lg \omega - \lg \omega_A) \tag{3-3}$$

令 $k_{AB} = \dfrac{\lg \omega_A - \lg \omega_B}{\lg h_A - \lg h_B}$，整理得

$$\lg \omega = k_{AB}(\lg h - \lg h_A) + \lg \omega_A \tag{3-4}$$

直线 AC 的方程为

$$\lg h - \lg h_A = \frac{\lg h_A - \lg h_C}{\lg \omega_A - \lg \omega_C}(\lg \omega - \lg \omega_A) \tag{3-5}$$

令 $k_{AC} = \dfrac{\lg \omega_A - \lg \omega_C}{\lg h_A - \lg h_C}$，整理得

$$\lg \omega = k_{AC}(\lg h - \lg h_A) + \lg \omega_A \tag{3-6}$$

圆锥入土深度为 2 mm 时，直线 AB 对应的 E 点含水率 ω_{AB2} 表示为

$$\omega_{AB2} = 10^{k_{AB}(\lg 2 - \lg h_A) + \lg \omega_A} \tag{3-7}$$

圆锥入土深度为 2 mm 时，直线 AC 对应的 F 点含水率 ω_{AC2} 表示为

$$\omega_{AC2} = 10^{k_{AC}(\lg 2 - \lg h_A) + \lg \omega_A} \tag{3-8}$$

圆锥入土深度为 2 mm 时，直线 AB 和 AC 对应的含水率差值 $\Delta\omega$ 表示为

$$\Delta\omega = \omega_{AB2} - \omega_{AC2} = 10^{k_{AB}(\lg 2-\lg h_A)+\lg \omega_A} - 10^{k_{AC}(\lg 2-\lg h_A)+\lg \omega_A} \tag{3-9}$$

当 $\Delta\omega<2\%$ 时，过两点含水率平均值点 D 与最大值点 A 作直线 AD，其方程为

$$\lg h - \lg h_A = \frac{\lg h_A - \lg 2}{\lg \omega_A - \lg\left(\dfrac{\omega_{AB2}+\omega_{AC2}}{2}\right)}(\lg \omega - \lg \omega_A) \tag{3-10}$$

令 $k_{AD}=\dfrac{\lg \omega_A-\lg\left(\dfrac{\omega_{AB2}+\omega_{AC2}}{2}\right)}{\lg h_A-\lg 2}$，整理得

$$\lg \omega = k_{AD}(\lg h - \lg h_A) + \lg \omega_A \tag{3-11}$$

以圆锥入土深度为 17 mm 对应的含水率 17 mm 液限，则

$$\omega_L = 10^{k_{AD}(\lg 17-\lg h_A)+\lg \omega_A} \tag{3-12}$$

以圆锥入土深度为 10 mm 对应的含水率 10 mm 液限，则

$$\omega_L = 10^{k_{AD}(\lg 10-\lg h_A)+\lg \omega_A} \tag{3-13}$$

以圆锥入土深度为 2 mm 对应的含水率为塑限，则

$$\omega_P = 10^{k_{AD}(\lg 2-\lg h_A)+\lg \omega_A} \tag{3-14}$$

通过上述方法，采用编程或 Excel 电子表格可以准确快捷地求出试样的液塑限。

第三节　液塑限测定实例

某工程场地地表以下 15 m 范围内地层以细粒土为主，通过钻孔取埋深 2.0 m 的土样开展液塑限试验，测定其天然含水率和界限含水率，试验记录见表 3-2。

表 3-2　液塑限试验记录表

圆锥下沉深度 /mm	盒号	盒质量 m_0/g	(盒+湿土)质量 m_1/g	(盒+干土)质量 m_2/g	水质量 m_w/g	干土质量 m_s/g	含水率 /%	液限 ω_L/%	塑限 ω_P/%
		(1)	(2)	(3)	(4)=(2)-(3)	(5)=(3)-(1)	(5)=(4)/(5)	(7)	(8)
3.5	1	38.00	133.90	115.50	18.40	77.50	23.74	53.5	17.7
8.8	2	38.94	125.22	101.59	23.63	62.65	37.72		
16.8	3	38.00	111.63	86.00	25.63	48.00	53.40		
土样说明	高液限黏土				天然含水率/%		36.2		
塑性指数 I_P	35(取整)				土的分类		黏土		
液性指数 I_L	0.52				土的状态		可塑		

根据试验结果，土样天然含水率为 36.2%。采用液塑限联合测定法获得含水率为 23.74% 时，圆锥入土深度为 3.5 mm；含水率为 37.72% 时，圆锥入土深度为 8.8 mm；含水率为

53.40%时，圆锥入土深度为16.8 mm。在双对数坐标纸上，以含水率ω为横坐标、锥入深度h为纵坐标，绘制ω-h关系曲线，如图3-6所示。查图获得锥入深度为17 mm所对应的液限含水率$\omega_L=53.5\%$，锥入深度为2 mm所对应的塑限含水率$\omega_P=17.7\%$。

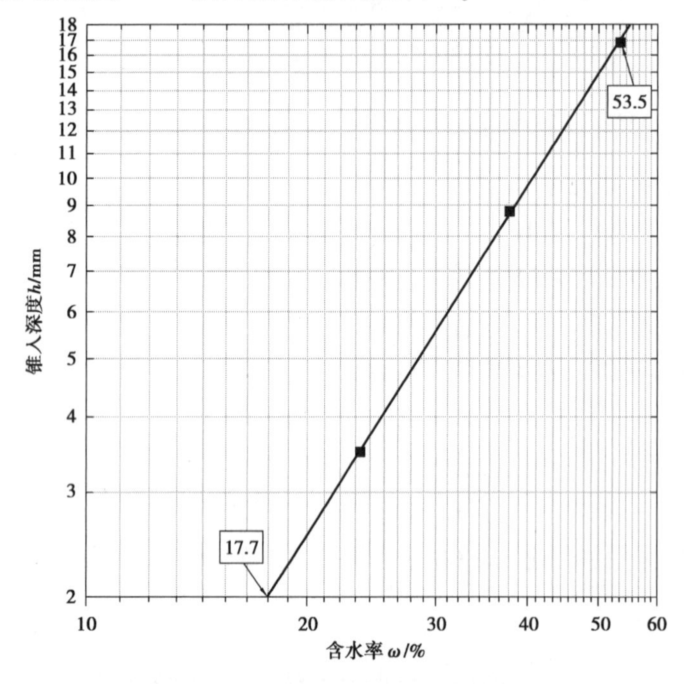

图3-6 含水率与锥入深度关系曲线

按照式(3-1)和式(3-2)计算塑性指数$I_P=35$(取整)，液性指数$I_L=0.52$。根据《土的工程分类标准》(GB/T 50145—2007)将试验获得的液限和塑性指数绘制在塑性图中。如图3-7所示，试样的液限位于B线右侧，塑性指数位于A线上方。由此判断该工程场地的土体属于高液限黏土，天然状态处于可塑状。

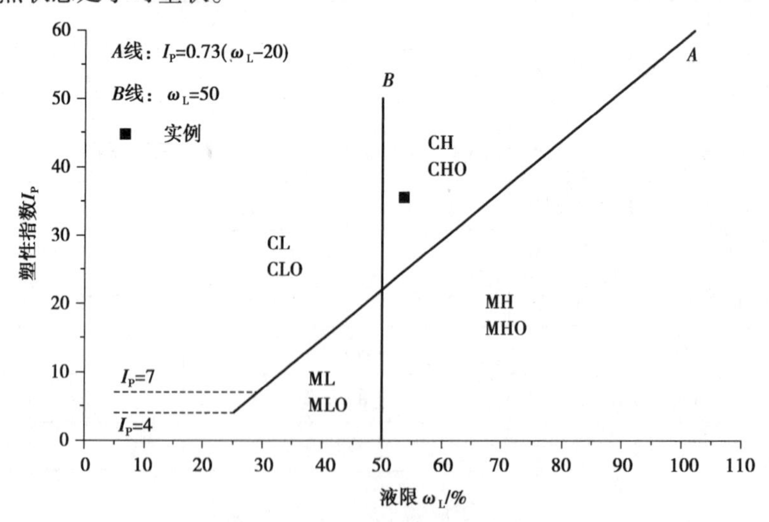

图3-7 试验点在塑性图中的位置

第四章

土的击实性试验

第一节　土的击实性基础知识

一、土的压实性

土的压实性是指土体在不排水条件下颗粒受瞬时荷载作用后重新排列而使密度增加的性质。岩土体作为填筑材料时通常处于松散的三相状态，以机械方法施加击实功可以增加密度，提高强度，减小压缩性和透水性。因此，土体施加一定击实功后密度增加的特性即为土的压实性，用干密度 ρ_d 来表示。

二、击实曲线

击实试验通常采用同一土质制备不同含水率的 5 ~ 6 个土样，分别拌和均匀后分层装入击实筒内，按一定击实功进行击实，测定击实后土样的湿密度和含水率，进而计算土样的干密度。如图 4-1 所示，以不同含水率条件下击实后的干密度为纵坐标、以含水率为横坐标在直角坐标系中绘制 ρ_d-ω 关系曲线，称为击实曲线。

图 4-1 所示的击实曲线表明，当压实功和压实方法不变时，同一土体的干密度随含水率增加呈现出先增大后减小的趋势。使土体达到最大干密度的含水率称为最优含水率 ω_{opt}，对应的干密度称为最大干密度 ρ_{dmax}。

土的最优含水率一般在塑限附近，即 $\omega_{opt}=\omega_P\pm(2\% \sim 3\%)$。这是因为含水率较低时土粒周围结合水膜厚度薄，颗粒间连接作用强，土粒不易移动，难以击实；含水率较高时，结合水膜厚度大，颗粒被分隔开，击实荷载主要由孔隙水承担，土颗粒上的有效应力小，导致土的干密度减小；最优含水率状态时，结合水膜厚度适中，土粒连接较弱，在击实功作用下容易紧密排列而使干密度最大。

击实曲线右上方是饱和度为100%的饱和曲线,表示土体处于饱和状态时含水率与干密度之间的关系。

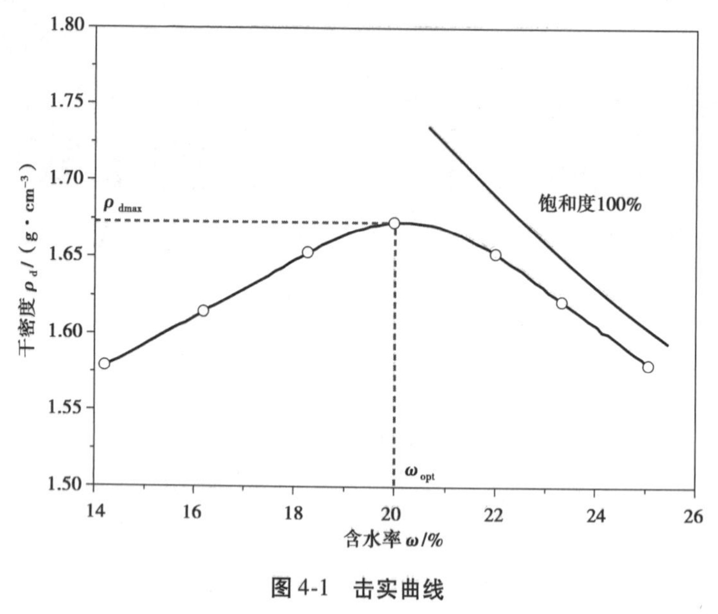

图4-1 击实曲线

三、土的压实度

土的压实度 λ_c 定义为施工现场填土压实后的干密度 ρ_d 与室内击实试验获得的最大干密度 ρ_{dmax} 之比

$$\lambda_c = \frac{\rho_d}{\rho_{dmax}} \times 100\% \tag{4-1}$$

因此,最大干密度 ρ_{dmax} 是评价土体压实度的重要指标,决定现场填土压实质量是否满足施工技术规范要求。《碾压式土石坝设计规范》(SL 274—2020)要求:"含砾和不含砾黏性土的填筑标准应以压实度和最优含水率作为设计控制指标。设计干密度应以击实最大干密度乘以压实度求得。""黏性土的压实度应符合下列要求:1级坝、2级坝和3级以下高坝的压实度不应低于98%,3级中坝、低坝及3级以下中坝压实度不应低于96%。"

第二节　击实试验

一、试验目的

击实试验是采用标准锤击装置获得土的干密度随含水率变化曲线,确定土的最大干密度和最优含水率,了解土的压实特性,为填方工程设计和现场施工质量控制提供依据。

二、试验原理与方法

击实试验是以同一土质制备不同含水率的5～6个土样，分别拌和均匀后分层装入击实筒内，按一定击实功进行击实，测定击实后土样的湿密度和含水率，最后根据击实试验确定最大干密度和最优含水率，评价土体的击实性。

击实试验分轻型和重型击实试验两种方法。轻型击实试验适用于粒径小于5 mm的黏性土，单位体积击实功约为592.2 kJ/m³，常用于水库、堤防和铁路路基填土工程；重型击实试验适用于粒径不大于20 mm的土，单位体积击实功约为2 684.9 kJ/m³，常用于高等级公路和机场跑道等。《土工试验方法标准》(GB/T 50123—2019)规定了轻型和重型击实试验所采用的击实仪主要技术指标见表4-1。

表4-1　击实仪主要技术指标

试验方法	锤底直径/mm	锤质量/kg	落高/mm	击实筒尺寸			护筒高度/mm	层数	每层击数	击实功/(kJ·m⁻³)	最大粒径/mm
				内径/mm	筒高/mm	容积/cm³					
轻型	51	2.5	305	102	116	947.4	≥50	3	25	592.2	5
重型	51	4.5	457	152	116	2 103.9	≥50	5	56	2 684.9	20

三、试验仪器

①击实仪：由击实筒、击锤和护筒组成，仪器如图4-2所示，其尺寸应符合表4-1的规定。

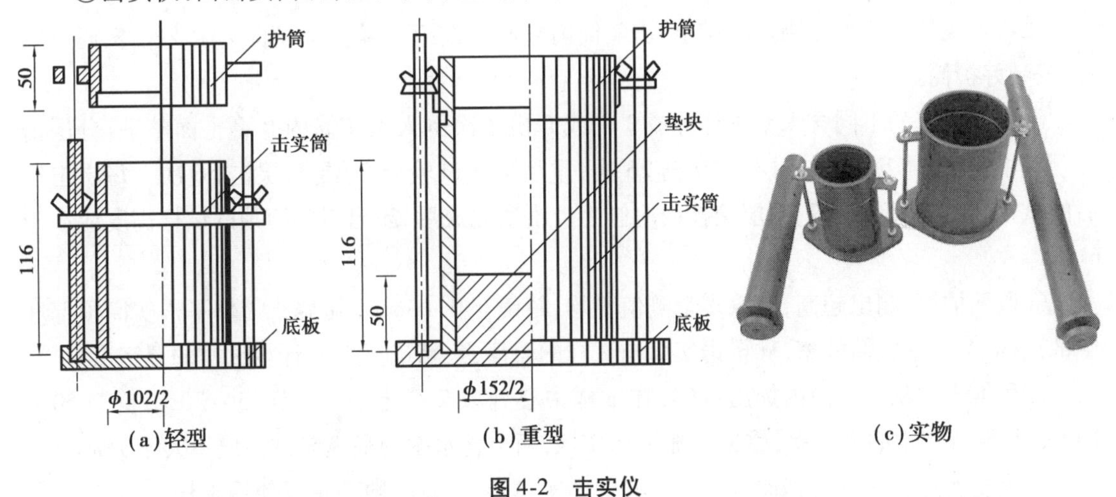

图4-2　击实仪

②天平：称量为200 g，精度0.01 g。

③台秤：称量为10 kg，精度5 g。

④标准筛：孔径为20 mm和5 mm。

⑤推土器：螺旋式或液压千斤顶。

⑥其他:烘箱、喷水设备、碾土设备、盛土器、修土刀及保湿设备等。

四、试验操作步骤

1. 试样制备

①用四分法取代表性风干土样,其中轻型击实试验需土样约 20 kg,重型击实试验约 50 kg,放在橡皮板上用碾土器碾散。

②将碾散的风干土样过 5 mm 筛(轻型)或 20 mm 筛(重型),筛下土样拌匀后测定风干含水率。

③根据土的塑限预估其最优含水率,加水制备不少于 5 个不同含水率试样,其中 2 个含水率大于塑限,2 个含水率小于塑限,1 个含水率接近塑限,且相邻 2 个试样含水率的差值为 2%。试样制备过程中需加水量为

$$m_w = \frac{m_0}{1 + 0.01\omega_0} \times 0.01(\omega - \omega_0) \tag{4-2}$$

式中 m_w——所需的加水量,g;

ω_0——风干含水率,%;

m_0——风干土样的质量,g;

ω——预设含水率,%。

④将 2.5 kg(轻型)或 5.0 kg(重型)风干过筛土样平铺于不吸水的盛土盘内,按预设含水率用喷水设备往土样上均匀喷洒所需加水量,拌匀并装入塑料袋内或密封于盛土器内静置 24 h 备用。

2. 土样分层击实

①将击实仪平稳置于刚性基础上,击实筒内壁和底板涂一薄层润滑油,连接好击实筒与底板,安装好护筒。

②将制备好的不同含水率试样分成 3 份或 5 份依次倒入击实筒内并将土面整平,分层击实。其中轻型击实试验分 3 层,每层击 25 次;重型击实试验分 5 层,每层击 56 次。每层击实后的试样高度应大致相等,两层交接面应刨毛。击实完成后,超出击实筒顶的试样高度应小于 6 mm。

③取下护筒,测出超高,应取多个测值平均,精确至 0.1 mm。用修土刀修平击实筒顶部和底部试样,擦净击实筒外壁,称量击实筒与试样的总质量,精确至 1 g,计算试样的湿密度。

④用推土器从击实筒内推出试样,在试样中心处取 2 个土料(轻型 15 ~ 30 g,重型 50 ~ 100 g)平行测定土的含水率,称量准确至 0.01 g,两个含水率的最大允许差值不大于 1%。

⑤重复上述操作进行其他含水率试样的击实试验,注意一般不重复使用土样。

五、试验注意事项

①试样制备过程中,晒水拌和后土样应充分静置使水分分布均匀。

②轻型试验分 3 层击实,每层土料的质量为 600 ~ 800 g;重型试验分 5 层击实,每层土料

的质量为900～1 100 g。控制每层土料重量使击实后每层高度大致相等。

③两层交接面处的土应刨毛，击实时保持导筒垂直平稳，锤迹均匀分布于土面，击实后土样不超出击实筒顶6 mm。

④干法试样制备时采用风干法，也可用低于60 ℃温度烘干，但当土样为黏土时不宜采用烘干制样。

⑤试样中土体最大粒径与试样直径的比值应小于1/5。

六、试验结果分析

1. 计算

①击实后各试样的含水率按下式计算

$$\omega = \left(\frac{m}{m_d} - 1\right) \times 100\% \tag{4-3}$$

式中　ω——含水率，%；

m——湿土质量，g；

m_d——干土质量，g。

②击实后各试样的干密度按下式计算，计算至0.01 g/cm³

$$\rho_d = \frac{\rho}{1 + 0.01\omega} \tag{4-4}$$

式中　ρ_d——试样的干密度，g/cm³；

ρ——试样的湿密度，g/cm³；

ω——试样的含水率，%。

③土的饱和含水率按下式计算

$$\omega_{sat} = \left(\frac{\rho_w}{\rho_d} - \frac{1}{G_s}\right) \times 100\% \tag{4-5}$$

式中　ω_{sat}——饱和含水率，%；

ρ_w——试样的干密度，g/cm³；

G_s——土粒的比重。

2. 制图

①以含水率ω为横坐标、干密度ρ_d为纵坐标，绘制ρ_d-ω关系曲线。找出曲线上峰值点的纵、横坐标分别代表土的最大干密度ρ_{dmax}和最优含水率ω_{opt}；若ρ_d-ω曲线上不能给出峰值点，应进行补点试验。

②根据式(4-4)计算不同干密度土样对应的饱和含水率，以干密度为纵坐标、含水率为横坐标，在击实曲线图上绘制饱和曲线。

3. 校正

实际填土工程现场土料中常常掺杂砾石等较大颗粒，影响填土的最大干密度ρ_{dmax}和最优含水率ω_{opt}。由于仪器尺寸限制，在轻型击实试验中，当粒径大于5 mm的颗粒含量小于等于

30% 时,应对最大干密度 ρ_{dmax} 和最优含水率 ω_{opt} 进行校正。

$$\rho'_{dmax}=\frac{1}{\dfrac{1-p}{\rho_{dmax}}+\dfrac{p}{G_{s2}\rho_{w}}} \tag{4-6}$$

式中 ρ'_{dmax}——校正的最大干密度,g/cm³;

ρ_{dmax}——试验的最大干密度,g/cm³;

p——试样中粒径大于 5 mm 的颗粒含量;

G_{s2}——粒径大于 5 mm 的颗粒干比重。

$$\omega'_{opt}=\omega_{opt}(1-p)+p\omega_{2} \tag{4-7}$$

式中 ω'_{opt}——校正的最优含水率,%;

ω_{2}——粒径大于 5 mm 的含水率,%。

第三节　击实试验实例

为了解某工程场地岩土体的击实性,现场取土样经风干碾碎过 5 mm 筛,制备击实试验所需的土样并测定其风干含水率和比重。取一定量经风干碾碎过筛的土样,根据不同含水率情况加入不同质量的水分充分混合均匀,然后开展不同含水率条件下土样的击实试验并测定其干密度,试验记录见表 4-2。

表 4-2　击实试验记录

<table>
<tr><td colspan="2">试验仪器</td><td colspan="2">标准击实仪</td><td colspan="2">击实筒体积/cm³</td><td colspan="2">947.4</td><td>击锤重/kg</td><td colspan="2">2.5</td></tr>
<tr><td colspan="2">击实层数</td><td colspan="2">3</td><td colspan="2">每层击数</td><td colspan="2">25</td><td>落距/mm</td><td colspan="2">305</td></tr>
<tr><td rowspan="2">试验序号</td><td colspan="5">干密度</td><td colspan="5">含水率</td></tr>
<tr><td>(筒+土)质量/g</td><td>筒质量/g</td><td>湿土质量/g</td><td>湿密度/(g·cm⁻³)</td><td>干密度/(g·cm⁻³)</td><td>盒号</td><td>湿土质量/g</td><td>干土质量/g</td><td>含水率/%</td><td>平均含水率/%</td></tr>
<tr><td rowspan="2">1</td><td rowspan="2">4 019</td><td rowspan="2">2 211</td><td rowspan="2">1 808</td><td rowspan="2">1.91</td><td rowspan="2">1.74</td><td>H1</td><td>145.07</td><td>132.09</td><td>9.83</td><td rowspan="2">9.70</td></tr>
<tr><td>H2</td><td>168.89</td><td>154.14</td><td>9.57</td></tr>
<tr><td rowspan="2">2</td><td rowspan="2">4 126</td><td rowspan="2">2 211</td><td rowspan="2">1 915</td><td rowspan="2">2.02</td><td rowspan="2">1.81</td><td>H3</td><td>127.72</td><td>114.73</td><td>11.32</td><td rowspan="2">11.44</td></tr>
<tr><td>H4</td><td>129.14</td><td>115.76</td><td>11.56</td></tr>
<tr><td rowspan="2">3</td><td rowspan="2">4211</td><td rowspan="2">2 211</td><td rowspan="2">2 000</td><td rowspan="2">2.11</td><td rowspan="2">1.86</td><td>H5</td><td>139.26</td><td>122.68</td><td>13.51</td><td rowspan="2">13.60</td></tr>
<tr><td>H6</td><td>134.00</td><td>117.86</td><td>13.69</td></tr>
<tr><td rowspan="2">4</td><td rowspan="2">4 218</td><td rowspan="2">2 211</td><td rowspan="2">2 007</td><td rowspan="2">2.12</td><td rowspan="2">1.84</td><td>H7</td><td>133.93</td><td>116.15</td><td>15.31</td><td rowspan="2">15.20</td></tr>
<tr><td>H8</td><td>129.23</td><td>112.29</td><td>15.09</td></tr>
<tr><td rowspan="2">5</td><td rowspan="2">4 138</td><td rowspan="2">2 211</td><td rowspan="2">1 927</td><td rowspan="2">2.03</td><td rowspan="2">1.73</td><td>H9</td><td>169.43</td><td>143.80</td><td>17.82</td><td rowspan="2">17.90</td></tr>
<tr><td>H10</td><td>126.83</td><td>107.5</td><td>17.98</td></tr>
<tr><td colspan="6">最大干密度 ρ_{dmax}:1.86g/cm³</td><td colspan="5">最优含水率 ω_{opt}:13.6%</td></tr>
</table>

按上述方法获得了不同含水率条件下击实试验的干密度，绘制干密度与含水率关系曲线，如图 4-3 所示。根据试验干密度与含水率关系曲线的峰值，获得该工程场地土体的最大干密度为 $\rho_{dmax}=1.86 g/cm^3$，最优含水率为 $\omega_{opt}=13.6\%$。由于试验土粒比重为 2.67，按式(4-4)计算饱和含水率。

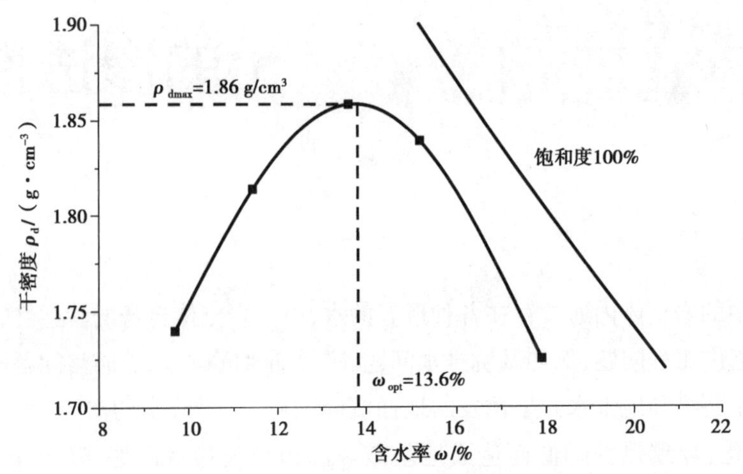

图 4-3　某工程场地土体击实结果

第五章

土的渗透性试验

工程实践中的岩土体内通常存在各种形态的水，由于岩土体自身的渗透性，常常出现各种因水的渗流引起的工程问题，例如基坑排水问题、隧道涌水问题、水库防渗问题等，以及污水渗透导致的地下水污染和地下水开采诱发的地面沉降问题。此外，水的渗流常常引起土体结构和应力状态变化，导致强度降低而造成地基破坏和边坡失稳等问题，甚至出现管涌和流土现象。

渗透系数是评价土中水渗透难易程度的参数，是评估天然地基、土坝和填土等工程中渗流量和渗流稳定性，进行给排水设计和地基加固的重要指标。渗透试验是确定土体渗透系数，评价土的渗透性质和渗流稳定性的主要手段。

第一节　土体渗透理论

一、土的渗透性

1. 渗流

土体是以土颗粒为骨架形成的散体结构，土颗粒之间存在连续的孔隙，水在土体孔隙中的流动称为渗流，如图 5-1 所示。

2. 渗透性

水在土体孔隙中流动的性质称为土的渗透性。土的渗透性直接关系到各种工程问题，土的粒度级配、颗粒形状、矿物成分、结构构造，以及水溶液类型和浓度等均会影响其渗透性。渗透系数用来反映流体在土体孔隙中的渗透性强弱。

3. 层流和紊流

流体流动时其中任一质点的运动轨迹称为流线。若相邻两质点的流线互不相交，彼此不混掺的形态称为层流；流体质点作不规则运动、互相混掺、轨迹曲折混乱的形态称为紊流。

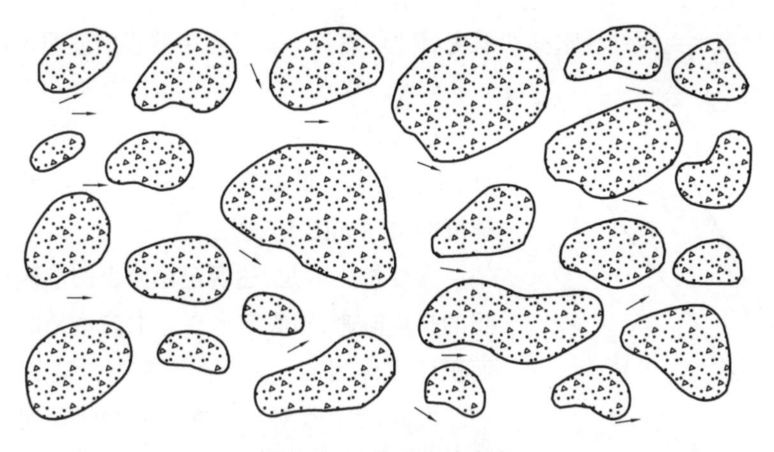

图 5-1　土体中水的渗流

土体微孔隙内流体运动形态主要由流速决定，流速不超过某一界限时为层流，反之则为紊流。该界限流速称为临界流速，其大小与颗粒粒度和孔隙度有关。一般情况下，土体微孔隙中多呈层流状态，而卵砾石中常形成紊流。

4. 水力梯度

如图 5-2 所示，水在土中流动时会产生水头损失 ΔH，水头损失 ΔH 与渗流长度 ΔL 的比值称为水力梯度或水力坡降，用无量纲量 i 表示

$$i = \frac{\Delta H}{\Delta L} \tag{5-1}$$

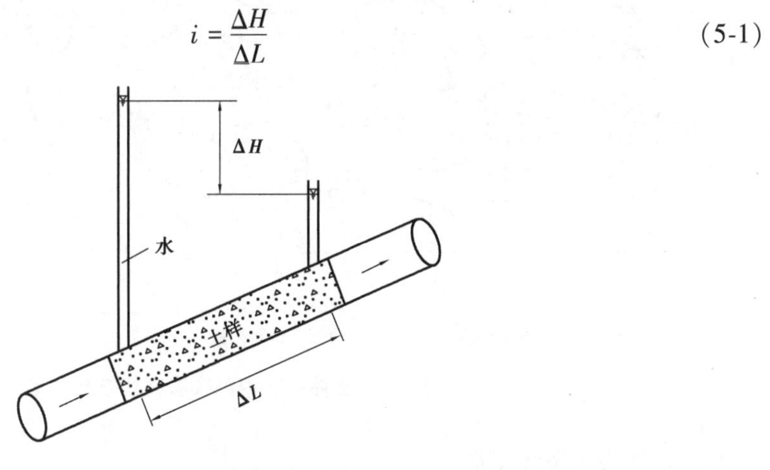

图 5-2　水力梯度示意图

二、达西定律

法国工程师达西通过砂质土渗透试验发现：均匀砂质土在层流条件下水的渗透流量 Q 与过水断面面积 A 和水力梯度 i 成正比，并且与土的渗透系数 k 有关，即

$$Q = kAi \tag{5-2}$$

$$v = Q/A = ki \tag{5-3}$$

达西定律表明渗流速度与水力梯度成正比，仅适用于中砂、细砂和粉砂等砂性土层流情况，对于粗粒土中的紊流情况不符合达西定律。黏性土的渗流规律也不完全服从达西定律，只

有当黏性土中自由水克服结合水剪切强度后才能渗流。黏性土中修正的达西定律为

$$v = k(i - i_0) \tag{5-4}$$

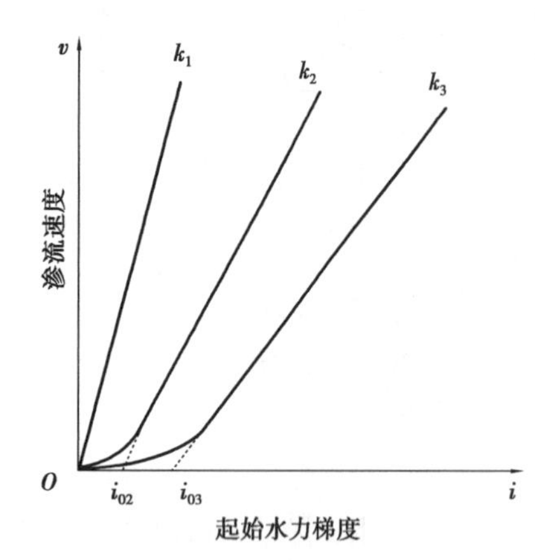

图 5-3　起始水力梯度与渗流速度的关系

i_0 为黏性土中克服结合水抗剪强度所需的水力梯度,也称为黏土的起始水力梯度,起始水力梯度与渗流速度的关系如图 5-3 所示。

需要指出的是,达西定律给出的渗流速度是一种假想的平均流速,即假定水在土中渗透是通过整个土体截面积计算得到的。事实上,渗透水仅在土体孔隙中流动。因此,水在土体中的实际平均流速比达西定律求得的数值大。由于土体中孔隙的形状和大小复杂多变,无法直接测定实际的平均流速,因此目前在渗流计算中广泛采用由达西定律定义的流速,真实渗流与达西渗流概化模型如图 5-4 所示。

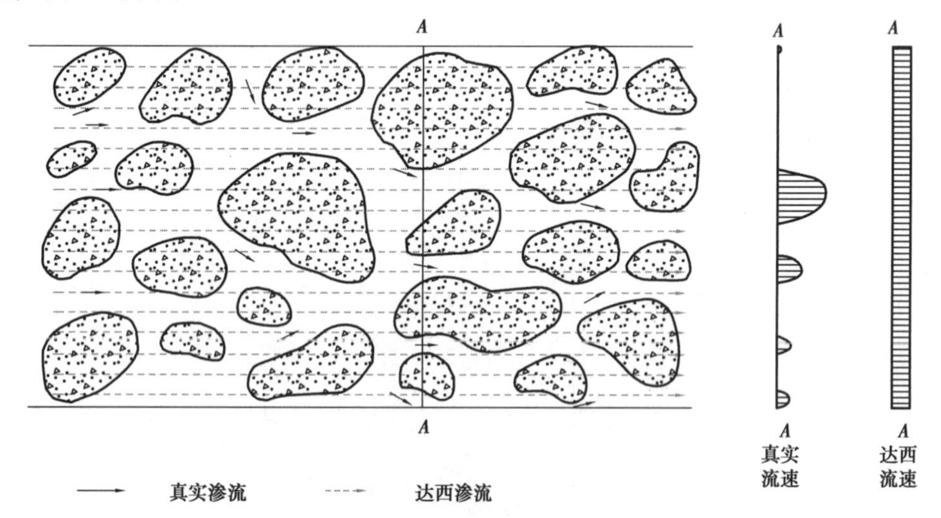

图 5-4　土体孔隙中真实渗流状态及概化

三、渗透力与渗透变形

渗透水流作用于岩土颗粒上的拖拽力,称为渗透力。当渗透力达到一定值时,土中一些颗粒甚至整体会发生移动而被渗流带走,从而引起土体结构被掏空,强度降低,甚至发生整体破坏,这种现象称为渗透变形或渗透破坏。

单位土体上的渗透力大小用 j 表示为

$$j = \gamma_w i \tag{5-5}$$

渗透力 j 是渗流对单位土体的作用力,是一种体积力,其大小与水力坡降成正比,作用方向与渗流方向一致,单位为 kN/m^3。

当土颗粒的重力与渗透力相等时,土颗粒不受任何力作用,好像处于悬浮状态,这时的水

力坡降即为临界水力坡降。由重力 G 等于渗透力 J 可以推导出临界水力坡降满足

$$i_{cr} = \frac{G_s - 1}{1 + e} = \frac{\gamma_{sat} - \gamma_w}{\gamma_w} \tag{5-6}$$

渗透水流将土体的细颗粒冲走、带走或局部土体产生移动，导致土体变形——渗透变形问题（流土、管涌）。在渗流作用下单个颗粒发生独立移动的现象称为管涌，常发生在不均匀的砂层或砂卵石中。然而，土中发生自下而上渗流时，渗透力大小超过土的浮重度，导致土粒间有效应力为零，颗粒悬浮、土体表面隆起、土粒流动的现象称为流土。

流土形成的判别条件为

$i < i_{cr}$：土体处于稳定状态；

$i > i_{cr}$：土体发生流土破坏；

$i = i_{cr}$：土体处于临界状态。

因此，为了保障建筑物安全，通常使水力梯度 i 限制在容许梯度 $[i]$ 之内，即

$$i \leqslant [i] = \frac{i_{cr}}{F_s} \tag{5-7}$$

其中，安全系数 F_s 一般取 1.5 ~3。

第二节　常水头渗透试验

一、试验目的

理解达西定律中渗透速度、水力梯度和渗透系数之间的关系，测定土的渗透系数，评价土的渗透性质和渗流稳定性。

二、试验原理与方法

根据式(5-3)可知，渗透系数 k 定义为单位水力梯度 i 下的渗透流速，单位为 cm/s。试验直接测定流量 Q、过水断面面积 A 和水力梯度 i，根据式(5-2)求出渗透系数。不同类型土体的渗透系数变化范围很大，可从 10^{-1} cm/s 变化到 10^{-9} cm/s。渗透系数的测定可根据不同土质情况选择常水头渗透试验和变水头渗透试验方法，对于粗粒土采用常水头渗透试验，细粒土采用变水头渗透试验。

三、试验仪器

①常水头渗透试验仪，如图 5-5 所示。

②天平：称量 5 000 g，精度 1.0 g。

③温度计：精度 0.5 ℃。

④其他:木槌、秒表。

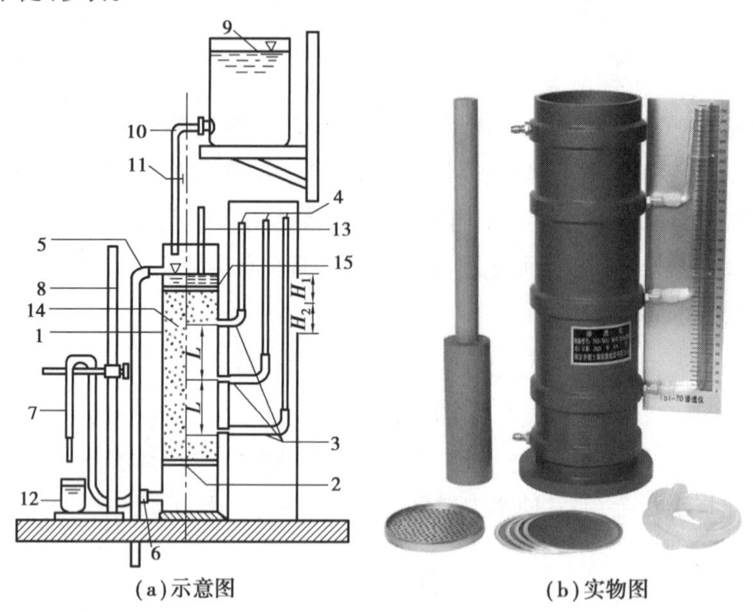

(a)示意图　　(b)实物图

图 5-5　常水头渗透试验仪

1—封底金属圆筒;2—金属孔板;3—测压孔;4—玻璃测压管;5—溢水孔;6—渗水孔;7—调节管;8—滑动支架;9—供水瓶;10—供水管;11—止水夹;12—量筒;13—温度计;14—试样;15—砾石层

四、试验操作步骤

①仪器安装:检查各管路接头是否漏水,连通调节管与供水管,由仪器底部充水至水位略高于金属孔板,关止水夹。

②试样准备:取代表性风干试样 3 ~4 kg(精确至 1.0 g),并测定其风干含水率。

③分层装样:按每层厚 2 ~3 cm 将土样分层装入圆筒,用木槌击实到一定厚度以控制试样孔隙比。

④分层饱和:每层试样装好后,微开止水夹使水由调节管进入并饱和试样,当水面与各层试样顶面齐平时关止水夹。逐层装样、逐层饱和,至试样最后一层高出上测压孔 3 ~4 cm。量测试样顶部至试样筒口的剩余高度,计算试样净高;称剩余试样质量精确至 1.0 g,计算装入试样总质量。

⑤铺缓冲层:装样完成后在顶端铺约 2 cm 厚的砾石缓冲层,继续充水至溢水孔溢出。检查各测压管水位与溢水孔是否齐平,若不齐平则用吸水球进行吸水排气。

⑥顶部注水:升高调节管高于溢水孔,将供水管置于金属圆筒内使水由上部流入。

⑦渗透测试:降低调节管口至试样上部 1/3 高度处,使水分在水位差驱动下经调节管流出。记录各测压管稳定水位,用于计算水位差;启动秒表,用量筒测量一段时间内的渗透水量,重复 1 次;测量并记录进水与出水口的水温,取平均值。

⑧重复测试:通过降低调节管口至试样中部及下部 1/3 处以改变水力坡降,按上述步骤重复测定。

五、试验注意事项

①试验用水宜采用实际作用于土中的天然水。有困难时,可用纯水或经过滤的清水。在试验前必须用抽气法或煮沸法进行脱气。试验时的水温宜高于室温 3 ~4 ℃。

②根据计算的渗透系数,取 3 ~4 个在允许差值范围内的数据的平均值,作为试样在该孔隙比 e 下的渗透系数(允许差值不大于$\pm 2\times10^{-n}$ cm/s)。

③试验应以水温 20 ℃为标准温度,计算标准温度下的渗透系数。

④分层装样时,若试样含黏粒较多则应在金属孔板上加铺厚约 2 cm 的粗砂过渡层,防止试验时细粒流失,并量出过渡层厚度。

⑤饱和时水流不应过急,以免冲动试样。

⑥渗透过程中溢水孔应始终有水溢出,以保持常水位。

⑦量筒接取渗透水量时,调节管口不得浸入水中。

六、试验结果分析

常水头渗透试验渗透系数应按式(5-8)计算

$$k_T = \frac{2QL}{At(H_1 + H_2)} \tag{5-8}$$

式中　k_T——水温 T ℃ 时试样的渗透系数,cm/s;

Q——时间 t 秒内的渗透水量,cm^3;

L——渗径,cm,等于两测压孔中心间的试样高度;

A——试样的断面积,cm^2;

t——测试时间,s;

H_1、H_2——水位差,cm。

由于温度对土体孔隙溶液的黏滞系数有较大影响,试验以 20 ℃水温为标准温度,标准温度下的渗透系数需进行温度校正

$$k_{20} = k_T \frac{\eta_T}{\eta_{20}} \tag{5-9}$$

式中　k_{20}——标准温度(20 ℃)时试样的渗透系数,cm/s;

η_T——T ℃时水的动力黏滞系数,1×10^{-6} kPa · s;

η_{20}——20 ℃时水的动力黏滞系数,1×10^{-6} kPa · s 。

黏滞系数比 η_T/η_{20} 与温度的关系按表 5-1 取值。

表 5-1　水的动力黏滞系数温度校正值

温度/℃	动力黏滞系数 $\eta/(1\times10^{-6}\ \text{kPa}\cdot\text{s})$	η_T/η_{20}	温度校正值 T_p	温度/℃	动力黏滞系数 $\eta/(1\times10^{-6}\ \text{kPa}\cdot\text{s})$	η_T/η_{20}	温度校正值 T_p
5.0	1.516	1.501	1.17	17.5	1.074	1.066	1.66
5.5	1.498	1.478	1.19	18.0	1.061	1.050	1.68
6.0	1.47	1.455	1.21	18.5	1.048	1.038	1.70
6.5	1.449	1.435	1.23	19.0	1.035	1.025	1.72
7.0	1.428	1.414	1.25	19.5	1.022	1.012	1.74
7.5	1.407	1.393	1.27	20.0	1.010	1.000	1.76
8.0	1.387	1.373	1.28	20.5	0.998	0.988	1.78
8.5	1.367	1.353	1.30	21.0	0.986	0.976	1.80
9.0	1.347	1.334	1.32	21.5	0.974	0.964	1.83
9.5	1.328	1.315	1.34	22.0	0.968	0.958	1.85
10.0	1.31	1.297	1.36	22.5	0.952	0.943	1.87
10.5	1.292	1.279	1.38	23.0	0.941	0.932	1.89
11.0	1.274	1.261	1.4	24.0	0.919	0.910	1.94
11.5	1.256	1.243	1.42	25.0	0.899	0.890	1.98
12.0	1.239	1.227	1.44	26.0	0.879	0.870	2.03
12.5	1.223	1.211	1.46	27.0	0.859	0.850	2.07
13.0	1.206	1.194	1.48	28.0	0.841	0.833	2.12
13.5	1.188	1.176	1.50	29.0	0.823	0.815	2.16
14.0	1.175	1.168	1.52	30.0	0.806	0.798	2.21
14.5	1.160	1.146	1.54	31.0	0.789	0.781	2.25
15.0	1.144	1.133	1.56	32.0	0.773	0.765	2.30
15.5	1.130	1.119	1.58	33.0	0.757	0.750	2.34
16.0	1.115	1.104	1.60	34.0	0.742	0.735	2.39
16.5	1.101	1.090	1.62	35.0	0.727	0.720	2.43
17.0	1.088	1.077	1.64				

当进行不同孔隙比下的渗透试验时，可在半对数坐标上绘制以孔隙比为纵坐标，渗透系数为横坐标的 e-k 关系曲线图。

试样的干密度 ρ_d 和孔隙比 e 应按下式计算

$$m_d = \frac{m}{1 + 0.01\omega} \tag{5-10}$$

$$\rho_d = \frac{m_d}{Ah} \tag{5-11}$$

$$e = \frac{\rho_w G_s}{\rho_d} - 1 \tag{5-12}$$

式中　m_d——试样的干质量，g；

m——风干试样的总质量，g；

ω——试样的风干含水率，%；

ρ_d——试样的干密度，g/cm³；

A——试样截面积，cm²；

h——试样高度，cm；

e——试样孔隙比；

G_s——土粒比重。

七、实例分析

为了解工程场地砂性土的渗透性，取样开展常水头渗透试验。试样高度 h=30 cm，试样截面 A=78.5 cm²，测压孔间距 L=10 cm，孔隙比 e=0.808，土粒比重 G_s=2.723。试验记录见表 5-2。

表 5-2　常水头渗透试验记录

试样高度 h=30 cm 干土质量 m_s=3 260 g					试样截面 A=78.5 cm² 孔隙比 e=0.808						测压孔间距 L=10 cm 土粒比重 G_s=2.723			
试验次数	经过时间 t/s	测压管水位/cm			水头差/cm			水力坡降 i	渗透水量 Q/cm³	渗透系数 k_T/(cm·s^{-1})	平均水温 T/℃	校正系数 $\frac{\eta_T}{\eta_{20}}$	渗透系数 k_{20}/(×10^{-2}cm·s^{-1})	平均渗透系数 k_{20}/(×10^{-2}cm·s^{-1})
		Ⅰ管	Ⅱ管	Ⅲ管	H_1	H_2	平均 H							
	(1)	(2)	(3)	(4)	(5)	(6)	(7)	(8)	(9)	(10)	(11)	(12)	(13)	(14)
					(2)−(3)	(3)−(4)	$\frac{(5)+(6)}{2}$	(7)/L		$\frac{(9)}{A(1)(8)}$			(10)×(12)	$\frac{\sum(13)}{n}$
1	120	24.8	22.0	19.2	2.8	2.8	2.8	0.28	125	0.047 5	13.0	1.194	5.67	5.9
2	120	24.5	21.8	19.1	2.7	2.7	2.7	0.27	128	0.050 4	13.0	1.194	6.02	
3	120	23.5	20.8	18.1	2.7	2.7	2.7	0.27	130	0.051 1	13.0	1.194	6.10	

3 次平行试验测得的渗透系数分别为 k_{20} = 5.67×10^{-2}cm/s、6.02×10^{-2}cm/s 和 6.10×10^{-2}cm/s。3 次测试的渗透系数差值小于允许误差 2×10^{-2}cm/s，满足试验要求。取 3 次测试的平均值作为该场地岩土渗透系数，即 k_{20}=5.9×10^{-2}cm/s。

第三节　变水头渗透试验

一、试验仪器

①渗透容器：由环刀、透水板、套筒及上、下盖等组成。环刀内径为 61.8 mm，高度为 40 mm，横截面积为 30 cm^2。

②变水头装置：变水头管的内径，根据试样渗透系数选择不同尺寸，且不宜大于 1 cm，长度为 1.0 m 以上，精度为 1.0 mm。

③其他：切土器、秒表、温度计、削土刀、凡士林等。

变水头渗透试验仪如图 5-6 所示。

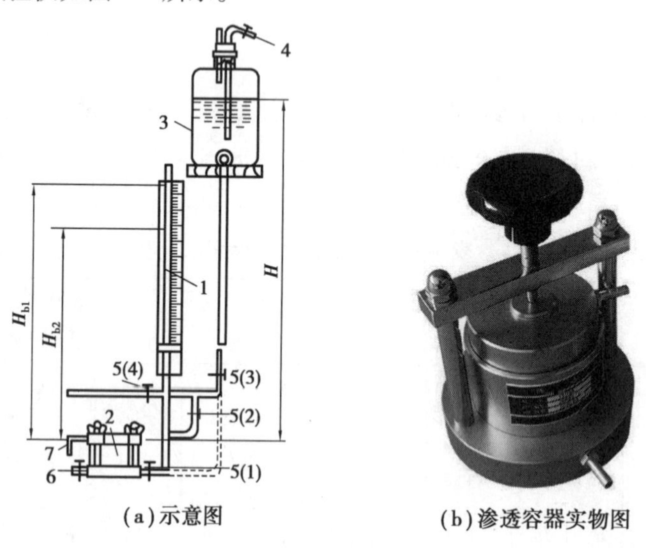

(a)示意图　　(b)渗透容器实物图

图 5-6　变水头渗透试验仪

1—变水头管；2—渗透容器；3—供水瓶；

4—接水源管；5—进水管夹；6—排气管；7—出水管

二、试验操作步骤

①环刀切样：用渗透仪配套环刀切取原状试样或制备给定密度的扰动土样。

②试样安装：将渗水石和密封圈放入底座中，并在套筒内壁涂一层凡士林，放入盛有试样的环刀；放上密封圈、透水石和上盖，旋紧螺杆，不得漏水漏气。

③注水排气：连通渗透容器进水管口与水头装置，打开排气阀排除渗透容器底部空气，至溢出水中无气泡后关闭排气阀。

④在不大于 200 cm 水头作用下静置一段时间，待出水管口有水溢出后开始测定。

⑤将水头管充水至所需高度后关止水夹，记录起始水头高度和起始时间。启动秒表，经时间 t 后终止，记录水头变化和水温。

⑥连续测量并记录 2～3 次后，变换水头至所需高度，待水头稳定后再连续测量并记录，重复试验 5～6 次。当不同初始水头下测量的渗透系数误差在允许范围内时，结束试验。

三、试验注意事项

①切土时应尽量避免结构扰动，不得用削土刀反复涂抹试样表面。

②防止水从环刀与土之间的缝隙流通造成试验结果偏大。

四、试验结果分析

变水头渗透试验渗透系数应按下列公式计算

$$k_T = 2.3\frac{aL}{At}\lg\frac{H_{b1}}{H_{b2}} \tag{5-13}$$

式中　a——变水头管截面积，cm^2；

A——试样截面积，cm^2；

L——渗径，cm，等于试样高度；

t——测试时间，s；

H_{b1}——开始时水头，cm；

H_{b2}——终止时水头，cm。

变水头渗透试验结果同样需要按照式(5-9)进行温度校正。

五、实例分析

为了解工程场地黏性土的渗透性，取样开展常水头渗透试验。试样高度 $h=30$ cm，试样截面积 $A=39.57\ cm^2$，测压孔间距 $L=10.05$ cm，测压管断面积 $a=0.785\,8\ cm^2$，孔隙比 $e=1.29$。试验记录见表 5-3。

表 5-3　变水头渗透试验记录

试样高度 $L=10.05$ cm　试样截面积 $A=39.57\ cm^2$　测压管断面积 $a=0.785\,8\ cm^2$　孔隙比 $e=1.290$											
起始时间 t_1/(h min)	终止时间 t_2/(h min)	测试时间 t/s	起始水头 H_{b1}/cm	终止水头 H_{b2}/cm	$2.3\frac{aL}{At}$/($\times10^{-4}$)	$\lg\frac{H_{b1}}{H_{b2}}$/($\times10^{-2}$)	渗透系数 k_T/($\times10^{-6}$ cm·s^{-1})	水温 T/℃	校正系数 $\frac{\eta_T}{\eta_{20}}$	渗透系数 k_{20}/($\times10^{-5}$ cm·s^{-1})	平均渗透系数 k_{20}/($\times10^{-5}$ cm·s^{-1})
(1)	(2)	(3)	(4)	(5)	(6)	(7)	(8)	(9)	(10)	(11)	(12)
		(2)-(1)			$2.3\frac{aL}{A(3)}$	$\lg\frac{(4)}{(5)}$	(6)×(7)			(8)×(10)	

续表

起始时间 t_1/(h min)	终止时间 t_2/(h min)	测试时间 t/s	起始水头 H_{b1}/cm	终止水头 H_{b2}/cm	$2.3\frac{aL}{At}$/(×10^{-4})	$\lg\frac{H_{b1}}{H_{b2}}$/(×10^{-2})	渗透系数 k_T/(×10^{-6} cm·s^{-1})	水温 T/℃	校正系数 $\frac{\eta_T}{\eta_{20}}$	渗透系数 k_{20}/(×10^{-5} cm·s^{-1})	平均渗透系数 k_{20}/(×10^{-5} cm·s^{-1})
6 830	940	4 200	141.0	107.0	1.092	12.0	13.1	16.0	1.104	1.446	1.273
6 830	955	5 100	142.1	107.4	0.899 6	12.2	11.0	16.0	1.104	1.214	
6 830	1 006	5 800	141.4	103.9	0.780 3	13.4	10.5	16.0	1.104	1.159	

3 次平行试验测得 $k_{20}=1.446\times10^{-5}$cm/s、$1.214\times10^{-5}$cm/s 和 1.159×10^{-5}cm/s。3 次测试的渗透系数差值小于允许误差 2×10^{-5}cm/s，满足试验要求。取 3 次测试的平均值作为该场地岩土渗透系数，即 $k_{20}=1.273\times10^{-5}$cm/s。

第六章

土的压缩性试验

第一节　土的压缩与固结

一、土的压缩特性

岩土体是复杂的多相多孔介质，在外荷载作用下，土体体积缩小的现象称为土的压缩。由于土颗粒和孔隙水自身的压缩量极小，一般认为土的压缩变形是孔隙体积减小引起的。对于饱和土，孔隙中完全充满水，孔隙体积减小的过程实际上是孔隙水排出的过程，排出的孔隙水量等于土体体积减小量。在外荷载作用下，土体压缩变形随时间增长而逐渐稳定的过程称为固结。

土体的压缩与固结对土的工程性状有重要影响，例如建筑物基础沉降可能对上部结构的正常使用和安全造成威胁。因此，研究土体的压缩性具有重要意义。

二、有效应力原理

土体孔隙相互连通，饱和土体中孔隙水能够承担或传递压力，通常把饱和土体中由孔隙水承担或传递的应力称为孔隙水压力，用 u 表示。孔隙水压力的方向始终垂直于作用面，其大小等于该点的测压管水头高度 h_w 与水的重度 γ_w 的乘积，即

$$u = \gamma_w h_w \tag{6-1}$$

土体中通过颗粒间接触面传递的应力或者由颗粒骨架承担的应力称为有效应力，用 σ'表示。根据孔隙水压力和有效应力的定义可知，仅有效应力才能使土体产生压缩（或固结）变形和强度。由于土颗粒间接触情况十分复杂、粒间力传递方向变化无常，为了简化将平面内所有粒间接触面上的接触力在法向方向的分量之和 P_s 除以研究平面的总面积 A，即

$$\sigma' = \frac{P_s}{A} \tag{6-2}$$

如图6-1所示，饱和土体的总压力 P 由孔隙水和土骨架共同承担。假设在 a—a 截面的总面积为 A，其中土颗粒的接触面积为 A_s，孔隙水占据的面积为 $A_w=A-A_s$，且该处土颗粒和孔隙水承担的压力分别为 P_s 和 P_w，则

$$P=\sigma A=P_w+P_s \tag{6-3}$$

根据 a—a 截面孔隙水压力和有效应力的定义，将式(6-3)改写为

$$\sigma A=u(A-A_s)+\sigma' A \tag{6-4}$$

或

$$\sigma=\sigma'+(1-\alpha)u \tag{6-5}$$

式中　α——研究平面内颗粒间接触面积所占的比值。

研究表明颗粒间接触接近为点接触，$\alpha\approx0$。因此，式(6-5)简化为

$$\sigma=\sigma'+u \tag{6-6}$$

式(6-6)即为有效应力原理，表示研究平面上总应力、有效应力和孔隙水压力之间的关系。当总应力不变时，有效应力与孔隙水压力之间可以相互转化，即孔隙水压力的减小(增大)量等于有效应力的增加(减小)量。

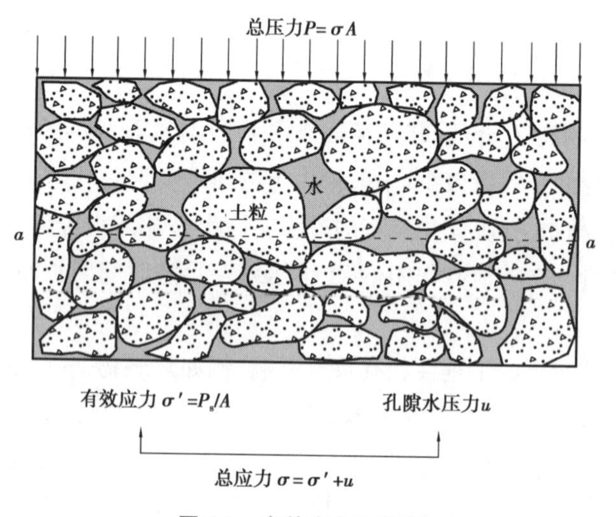

图6-1　有效应力示意图

需要指出的是，有效应力与颗粒间接触点的真实应力是两个不同的概念。颗粒接触点的真实应力为 $\sigma_s=P_s/A_s$。由于颗粒间接触接近为点接触，$A_s\approx0$，表明接触点的真实应力可能很大，甚至超过矿物的屈服应力造成颗粒在接触点处的屈服破坏。

三、土的压缩性指标

土的压缩是由于孔隙体积的减小，因此土的压缩变形常用孔隙比 e 的变化来表示。压缩试验(或称固结试验)是研究土体压缩性的基本方法。测定试样在侧限和轴向排水条件下压缩变形 ΔH 与压缩荷载 p 和压缩时间的关系，进而得到孔隙比 e 与荷载 p 之间的关系。绘制压缩曲线，计算土的压缩系数 a_v、压缩指数 C_c、压缩模量 E_s、原状土的先期固结压力 p_c 以及固结

系数 C_v 等。所得的各项指标可用以判断土的压缩性和计算地基的沉降。

如图 6-2 所示，试样初始高度为 H_0，初始孔隙比为 e_0，试样横截面积为 A，试样的初始体积为 V_0。在外荷载 p_i 作用下试样稳定后，试样高度为 H_i，孔隙比为 e_i，产生的总压缩变形量为 ΔH_i。由于土颗粒的压缩性较小，假定土颗粒的体积 $V_s=1$ 在试验中保持不变，根据孔隙比的定义 $e=V_v/V_s$，可得

$$\frac{H_0}{1+e_0}=\frac{H_i}{1+e_i}=\frac{H_0-\Delta H_i}{1+e_i} \tag{6-7}$$

因此，各级荷载下 p_i 孔隙比 e_i 的计算公式为

$$e_i=e_0-\frac{\Delta H_i}{H_0}(1+e_0) \tag{6-8}$$

式中　$e_0=\dfrac{\rho_w G_s(1+0.01\omega_0)}{\rho_0}-1$，其中 G_s 为土粒比重；ω_0 为试样的初始含水率，%；ρ_0 为试样的初始密度，g/cm³；ρ_w 为水的密度，g/cm³。

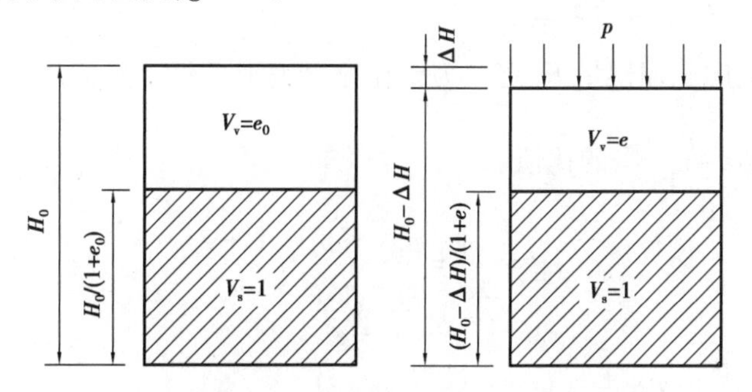

图 6-2　侧限条件下试样高度与孔隙比变化关系

通过固结试验测定各级荷载作用下稳定压缩量 ΔH_i 后，可计算出对应的孔隙比 e_i，根据 p_i 和 e_i 绘制土的压缩曲线，如图 6-3 所示。由土的压缩曲线可求得各类压缩性指标。

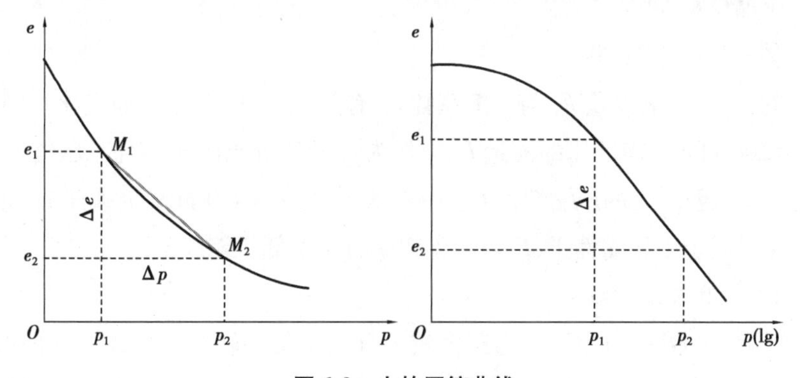

图 6-3　土的压缩曲线

1. 压缩系数 a_v

在土的压缩曲线上，压力由 p_i 增至 p_{i+1}，相应的孔隙比由 e_i 减小到 e_{i+1}。对于给定的压力增量 $\Delta p=(p_{i+1}-p_i)$，若孔隙比变化量 $\Delta e=(e_i-e_{i+1})$ 越大，说明土体体积压缩量越大，则该土的

压缩性越高。定义单位压力增量引起的孔隙比变化量为土的压缩系数,用 a_v 来表示。因此,某一级压力范围内的压缩系数 a_v 表示为

$$a_v = \frac{e_i - e_{i+1}}{p_{i+1} - p_i} \times 10^3 \tag{6-9}$$

式中 a_v——压缩系数,MPa^{-1};

e_i——某级压力稳定后的土体孔隙比;

p_i——某级压力值,kPa。

根据式(6-9),压缩系数 a_v 并非常数,而是与荷载和孔隙比变化情况有关。为便于比较,一般采用荷载 $p_1 = 100$ kPa 和 $p_2 = 200$ kPa 对应的压缩系数 a_{1-2} 来评价土的压缩性。

当 $a_{1-2} < 0.1$ MPa^{-1} 时,为低压缩性土;

当 $0.1 \leqslant a_{1-2} < 0.5$ MPa^{-1} 时,为中压缩性土;

当 $a_{1-2} \geqslant 0.5$ MPa^{-1} 时,为高压缩性土。

2. 压缩模量 E_s 和体积压缩系数 m_v

某一压力范围内的压缩模量 E_s 定义为土在完全侧限条件下竖向应力增量 $\Delta p = (p_{i+1} - p_i)$ 与相应的应变增量 $\Delta\varepsilon = \frac{e_i - e_{i+1}}{1 + e_i}$ 的比值。

$$E_s = \frac{\Delta p}{\Delta\varepsilon} = \frac{p_{i+1} - p_i}{\frac{e_i - e_{i+1}}{1 + e_i}} = \frac{1 + e_i}{a_v} \tag{6-10}$$

体积压缩系数 m_v 定义为

$$m_v = \frac{1}{E_s} = \frac{a_v}{1 + e_i} \tag{6-11}$$

式中 E_s——压缩模量,MPa;

m_v——体积压缩系数,MPa^{-1}。

对于给定的土样,压缩模量 E_s 与压缩系数 a_v 有关,也会随着压力而变化。同样采用 $p_1 = 100$ kPa 和 $p_2 = 200$ kPa 对应的压缩模量 E_{s1-2} 作为参考评价土的压缩性。压缩模量 E_s 越大,土的压缩性越小;E_s 越小,土的压缩性越大。一般认为,当 $E_s < 4.0$ MPa 时属于高压缩性土,$E_s = 4.0 \sim 15.0$ MPa 时属于中压缩性土,$E_s > 15.0$ MPa 时属于低压缩性土。

3. 压缩指数 C_c 及回弹指数 C_s

如图 6-4 所示,在 e-lg p 曲线上,当压力较大且过了某一转折点后,e-lg p 曲线近似直线。当对试样进行加载压缩、卸载回弹和再加载压缩固结试验时,在初次加载过程中试验产生压缩变形,卸载后一部分压缩变形恢复,形成卸荷回弹曲线,再加载过程中试验产生压缩变形,当荷载超过前期卸载时的最大荷载时再压缩曲线趋于初始压缩曲线的延长线。e-lg p 曲线常用于确定土体的先期固结压力。

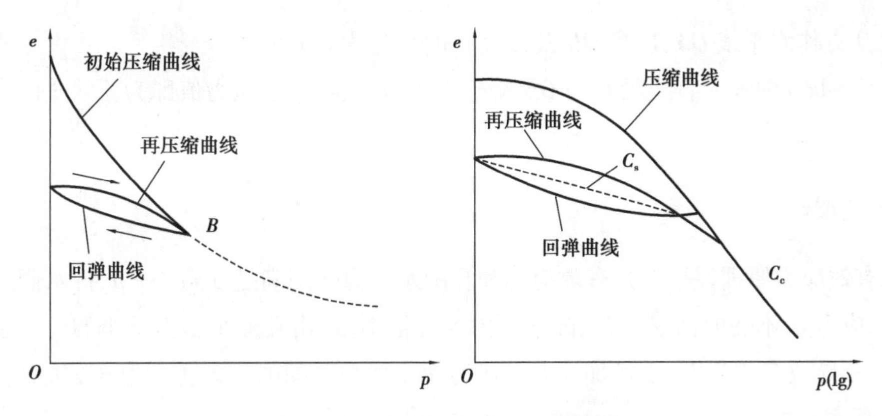

图 6-4　土的压缩-回弹-再压缩曲线

定义压缩指数 C_c 是 e-lg p 曲线直线段的斜率，回弹指数 C_s 是 e-lg p 回弹曲线的平均斜率

$$C_c \text{ 或 } C_s = \frac{e_i - e_{i+1}}{\lg p_{i+1} - \lg p_i} \tag{6-12}$$

压缩指数 C_c 和回弹指数 C_s 是无量纲化的量。压缩指数 C_c 与压缩系数 a_v 不同，a_v 的值随压力的变化而变化，而 C_c 的值在压力较大时为常数。C_c 值越大，土的压缩性越强。当 $C_c<0.2$ 时属于低压缩性土，当 $C_c=0.2\sim0.4$ 时属于中压缩性土，当 $C_c>0.4$ 时属于高压缩性土。

4. 先期固结压力

土的压缩—回弹—再压缩曲线特征表明，土的应力历史会对土的变形产生影响。定义土体历史上曾经承受过的最大固结压力为先期固结压力，即地质历史上土体在固结过程中受到的最大有效应力，用 p_c 来表示。采用超固结比 $\mathrm{OCR}=p_c/p_0$（p_0 为土体自重应力）判断土体的固结状态，将土体分为正常固结土（OCR=1）、超固结土（OCR>1）和欠固结土（OCR<1）。

先期固结压力的确定常采用卡萨格兰德（Casagrende）提出的经验作图法，如图 6-5 所示。确定先期固结压力的步骤为：

①在 e-lg p 曲线上找出最小曲率半径 $R_{\min}$ 点 O。

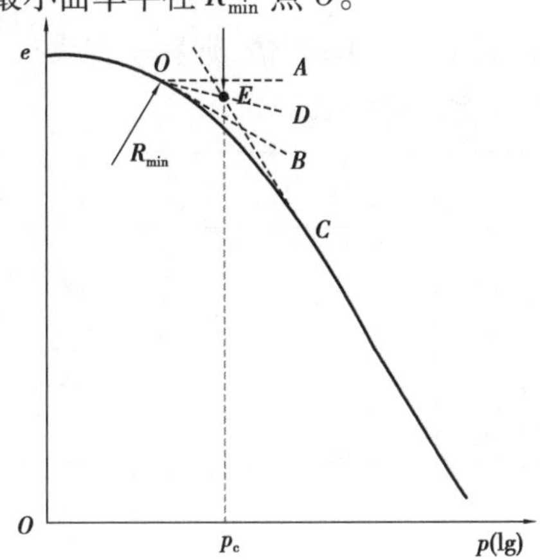

图 6-5　利用 e-lg p 曲线确定先期固结压力 p_c 示意图

②过 O 点作水平线 OA、切线 OB 及 $\angle AOB$ 的平分线 OD。

③延长 $e\text{-}\lg p$ 曲线的直线段 C 与 OD 交于 E 点，E 点对应的压力值即为原状土的先期固结压力 p_c。

四、固结理论

根据有效应力原理，总应力、有效应力和孔隙水压力之间满足 $\sigma=\sigma'+u$，排水固结试验过程中，在总应力 σ 不变的情况下，孔隙水压力 u 逐渐消散，由孔隙水压力承担的应力逐渐转移至土骨架上，导致有效应力 σ' 增加。有效应力使土颗粒之间的排列更加紧密，从而引起土体的压缩变形。

单向固结理论很好地解释了饱和土中孔隙水压力消散与固结时间之间的关系

$$C_v \frac{\partial^2 u}{\partial z^2} = \frac{\partial u}{\partial t} \tag{6-13}$$

式中 $C_v=\dfrac{k(1+e)}{a_v\gamma_w}$称为竖向渗透固结系数，$cm^2/s$，其中 k 为土体渗透系数。

竖向固结系数 C_v 与时间因子 T_v 有关，表示为

$$T_v = \frac{C_v t}{H^2} \tag{6-14}$$

式中 H——土层最远排水距离。当土层为单面排水时，H 取土层厚度；双面排水时，H 取土层厚度的一半。

因此，竖向固结系数可以从固结试验获得的变形与时间关系，采用时间平方根法和时间对数法求得。

(1)时间平方根$\sqrt{t}$法

如图 6-6 所示，以某级荷载下量表读数 d(mm)为纵坐标，时间平方根$\sqrt{t}$(min)为横坐标，绘制 $d\text{-}\sqrt{t}$ 曲线。延长 $d\text{-}\sqrt{t}$ 曲线开始段的直线，与纵坐标轴交于 d_s(d_s 为理论零点)。过 d_s 绘制另一直线，使其横坐标为前一直线横坐标的 1.15 倍，则后一直线与 $d\text{-}\sqrt{t}$ 曲线交点所对应时间的平方根即为试样固结度达 90% 所需的时间 t_{90}。

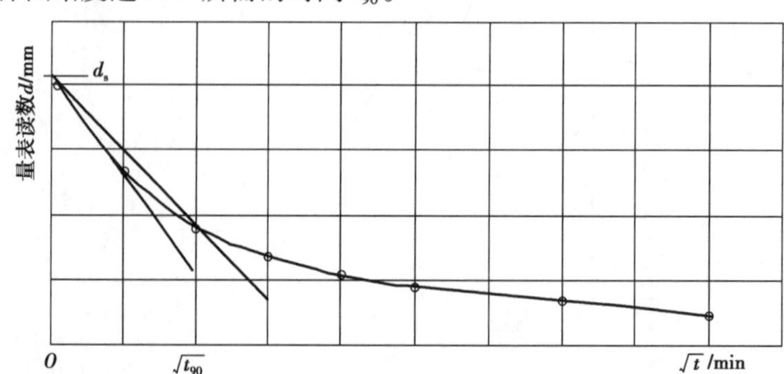

图 6-6 时间平方根法求 t_{90}

该级荷载下的固结系数为

$$C_v = \frac{0.848\bar{h}^2}{t_{90}} \tag{6-15}$$

式中　C_v——固结系数，cm^2/s；

$\bar{h}$——最大排水距离，等于某一压力下试样初始与终了高度的平均值之半，cm；

t_{90}——固结度 $U=90\%$ 所需的时间，s。

(2)时间对数 lg t 法

如图 6-7 所示，以某级荷载下量表读数 d(mm)为纵坐标，时间对数 lg t(min)为横坐标，绘制 d-lg t 曲线。该曲线具有首段近似抛物线、中部为直线、末段趋近直线的特征。

①在 d-lg t 曲线首段抛物线上选任一时间 t，相对应的量表读数为 d_A，再取时间 $t_2=4t$，相对应的量表读数为 d_B，由于起始段曲线具有抛物线的特性，则 A、B 两点纵坐标的距离 Δd 必然等于起始点与 A 点的纵坐标距离，即 $\Delta d=d_0-d_A=d_A-d_B$，则 $2d_A-d_B$ 之值为 d_{01}。

②另取时间按相同方法求 d_{02}、d_{03}、d_{04}，取其平均值作为理论零点 d_0。

③延长 d-lg t 曲线中部直线和尾部切线交于 D 点，交点 D 即为理论终点 d_{100}。

④根据 d_0 和 d_{100} 确定固结度 $U=50\%$ 对应的沉降量 $d_{50}=(d_0+d_{100})/2$，然后根据 d_{50} 在 d-lg t 曲线确定相应的时间 t_{50}。

则该级荷载下的固结系数 C_v 为

$$C_v = \frac{0.197\bar{h}^2}{t_{50}} \tag{6-16}$$

式中　t_{50}——固结度 $U=50\%$ 所需的时间，s。

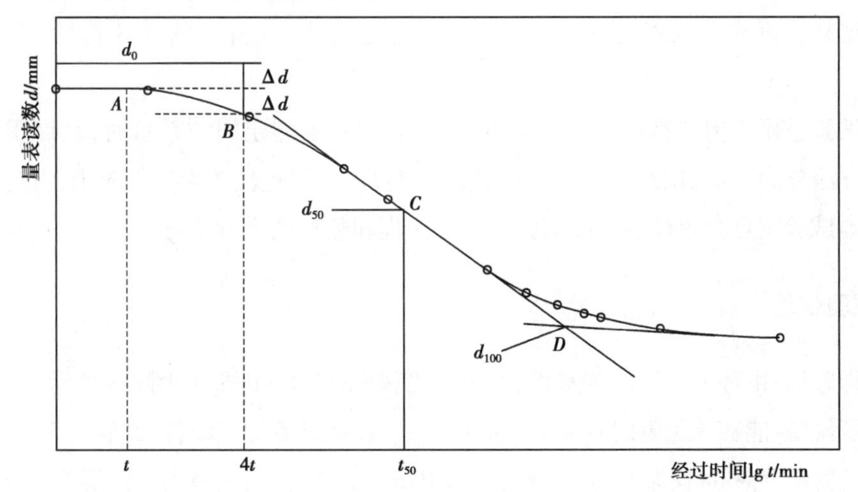

图 6-7　时间对数法求 t_{50}

第二节　固结试验

一、试验目的

测定侧限和排水条件下试样压缩变形、压缩荷载和时间的关系，计算土的压缩系数 a_v、压缩指数 C_c、回弹指数 C_s、压缩模量 E_s 等压缩性指标，确定原状土的先期固结压力 p_c 和固结系数 C_v，通过固结试验对土的压缩性和固结理论有更深入的认识。

二、试验原理与方法

土颗粒形成的固体骨架以及孔隙中的溶液和空气，共同组成土体复杂的多相多孔介质。土的压缩是孔隙中的溶液和空气在外荷载作用下排出导致土体体积减小的过程。饱和土固结过程中孔隙水压力逐渐消散，有效应力增大，引起土体沉降和地基变形。

固结试验以太沙基单向固结理论为基础。对于筏板基础等实际工程中地基土承受大面积均布荷载，地基变形可近似为侧限条件，固结试验可在侧限和排水条件下评价地基土的压缩性和固结特性。试验时在土样上分级加载，记录压缩变形随时间变化过程，直到变形稳定为止。

①根据各级荷载 p_i 与对应孔隙比 e_i 之间的关系，计算土的压缩性指标，评价土的压缩性，获取原状土先期固结压力 p_c。

②根据某级荷载下压缩变形 s 随时间 t 的变化关系，分析土的固结特性，确定固结系数 C_v。

固结试验适用于饱和黏性土。当只进行压缩试验，不测定固结系数时，允许用于非饱和土。试验方法分为“标准固结实验”和“快速固结实验”。渗透性较大的细粒土，可进行快速固结试验。本试验重点介绍标准固结试验的操作流程和数据处理方法。

三、试验仪器

①固结容器：由环刀、护环、透水板、加压上盖和量表架等组成，如图 6-8 所示。

②加压设备：能够施加瞬时垂向荷载的杠杆式、磅秤式等加压设备，量程为 5 ~ 10 kN。

③变形测量设备：量程为 10 mm、精度为 0.01 mm 的百分表，或最大允许误差为±0.2% F.S 的位移传感器。

④其他：刮土刀、钢丝锯、天平、秒表。

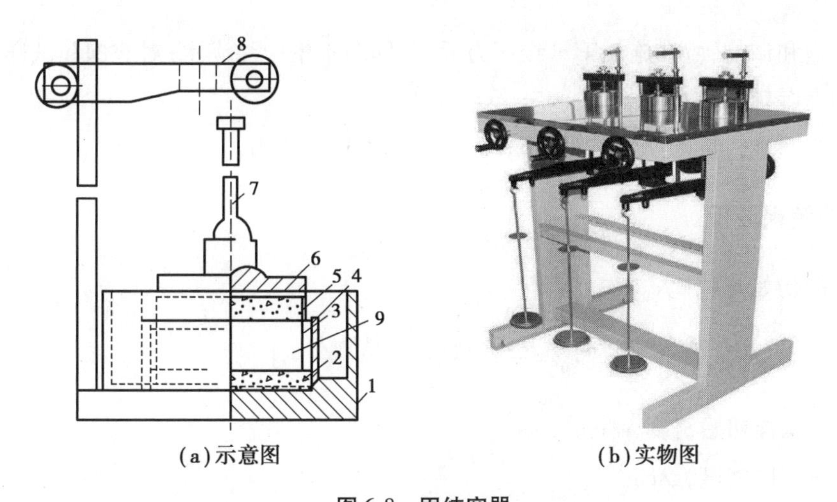

(a)示意图　　(b)实物图

图6-8　固结容器

1—水槽;2—护环;3—环刀;4—导环;5—透水板;

6—加压上盖;7—位移计导杆;8—位移计架;9—试样

四、试验操作步骤

①制备环刀样:用环刀切取原状土试样或按规范制备给定密度和含水量的扰动土试样。

②测密度及含水率:利用环刀样测定土的密度,并取余土测其含水率。

③安装试样:在固结容器内放置护环、透水板和薄滤纸,将带有环刀的试样小心装入护环内,然后在试样上放薄滤纸、透水板和加压盖板,置于加压框架下,对准加压框架的正中,安装量表。

④预压调整:施加 1 kPa 的预压压力,使试样与仪器上下各部分之间接触良好,然后调整量表,使指针读数为零。

⑤加载标准:a. 加压等级一般为 50 kPa、100 kPa、200 kPa、400 kPa 等,最后一级压力应大于上覆土层的计算压力 100 ~ 200 kPa。b. 需要确定原状土的先期固结压力时,加压率采用 0.5 或 0.25;最后一级压力应使 e-lg p 曲线下段出现较长的直线段。c. 采用加载、卸载、再加载试验评价超固结土的再压缩特性。d. 回弹试验首先逐级加载稳定,然后从某级荷载(大于上覆有效压力)逐级卸载至第 1 级荷载,记录每级压力下随时间变化的回弹变形量,稳定后开始下一级卸载。e. 次固结试验在主固结试验结束后继续试验至固结稳定为止。

⑥变形测量和记录:

按下列时间测量并记录微表读数:15″、30″、1′、2′15″、4′、6′15″、9′、12′15″、16′、20′15″、25′、30′15″、36′、42′15″、60′、100′、400′、23 h、24 h。(如不需测沉降速率,则只需读稳定后读数)

⑦实验结束后,排除固结容器内水分,拆除仪器部件,取出带环刀的试样。必要时用干滤纸吸去试样两端表面上的水,测定其密度和含水率。

五、试验注意事项

①环刀样制备完成后用玻璃片盖住环刀上下两端,防止水分蒸发。

②对于饱和试样,应在施加第 1 级压力后,立即向水槽中注满水;对非饱和试样,应在加压盖板四周围上湿棉避免水分蒸发。

③加载/卸载时,按顺序轻拿轻放砝码,避免产生冲击压力。

六、试验结果分析

①试样的初始孔隙比 e_0

$$e_0 = \frac{\rho_w G_s (1 + 0.01\omega_0)}{\rho_0} - 1 \tag{6-17}$$

式中 ρ_0——试样初始密度,g/cm^3;

ρ_w——水的密度,g/cm^3;

G_s——土粒比重;

ω_0——试样初始含水量,%。

②各级压力 p_i 下固结稳定后的孔隙比 e_i

$$e_i = e_0 - (1 + e_0) \frac{\sum \Delta h_i}{h_0} \tag{6-18}$$

式中 e_i—— 某级荷载 p_i 下的孔隙比;

$\sum \Delta h_i$—— 某级荷载 p_i 下试样压缩稳定后的总变形量,cm;

h_0—— 试样初始高度,即环刀高度,cm。

③某一级压力范围内的压缩系数 a_v

$$a_v = \frac{e_i - e_{i+1}}{p_{i+1} - p_i} \times 10^3 \tag{6-19}$$

式中 a_v——压缩系数,MPa^{-1};

p_i——某级压力值,kPa。

④某一压力范围内的压缩模量 E_s 和体积压缩系数 m_v

$$E_s = \frac{1 + e_0}{a_v} \tag{6-20}$$

$$m_v = \frac{1}{E_s} = \frac{a_v}{1 + e_0} \tag{6-21}$$

式中 E_s——压缩模量,MPa;

m_v——体积压缩系数,MPa^{-1}。

⑤压缩指数 C_c 及回弹指数 C_s

$$C_c 或 C_s = \frac{e_i - e_{i+1}}{\lg p_{i+1} - \lg p_i} \tag{6-22}$$

⑥以孔隙比 e 为纵坐标,压力 p 为横坐标,绘制 e-p 关系曲线。

⑦以孔隙比 e 为纵坐标,压力对数 $\lg p$ 为横坐标,绘制 e-$\lg p$ 关系曲线。

⑧根据 e-lg p 关系曲线，按卡萨格兰德提出的经验作图法，确定原状土先期固结压力 p_c。

⑨利用压缩变形与时间关系，采用时间平方根$\sqrt{t}$法或时间对数 lg t 法确定固结系数 C_v。

⑩确定次固结系数 C_a。

以某级荷载下孔隙比 e 为纵坐标，时间对数 lg t(min)为横坐标，绘制 e-lg t 曲线。主固结结束后试验曲线下部的直线段的斜率即为次固结系数 C_a。

$$C_a = \frac{-\Delta e}{\lg(t_2/t_1)} \tag{6-23}$$

式中　C_a——次固结系数；

Δe——对应时间 t_1 到 t_2 的孔隙比的差值；

t_1、t_2——次固结某一时间，min。

第三节　固结试验实例

某工程场地岩土体以细粒黏性土为主，为了研究该场地的压缩性特性，现场取原状土样开展固结试验。

1. 试验记录

采用烘干法测得该场地岩土体的天然含水率为 $\omega = 28.96\%$，天然密度为 $\rho = 1.88$ g/cm^3，比重 $G_s = 2.73$。固结试验的竖向压力分别为 50 kPa、100 kPa、200 kPa 和 400 kPa，试验记录见表 6-1 和表 6-2。

表 6-1　标准固结试验记录表(一)

经过时间	(50)kPa	(100)kPa	(200)kPa	(400)kPa
	量表读数(0.01 mm)	量表读数(0.01 mm)	量表读数(0.01 mm)	量表读数(0.01 mm)
15″	14.0	42.1	79.2	172.0
30″	14.2	42.5	80.9	174.0
1′	14.8	43.0	83.0	176.9
2′15″	15.6	43.9	85.0	180.0
4′	16.0	44.1	87.0	182.0
6′15″	16.5	44.6	88.0	183.5
9′	16.9	44.9	89.0	184.8
12′15″	17.0	45.0	90.0	185.5

续表

经过时间	(50)kPa	(100)kPa	(200)kPa	(400)kPa
	量表读数(0.01 mm)	量表读数(0.01 mm)	量表读数(0.01 mm)	量表读数(0.01 mm)
16′	17.2	45.3	90.5	186.0
20′15″	17.3	45.5	91.0	186.3
25′	17.4	45.7	91.2	186.7
30′15″	17.5	45.9	91.2	187.0
36′	17.5	46.2	91.2	187.1
42′15″	17.6	46.5	91.2	187.3
60′	17.8	46.9	91.5	188.0
100′	18.0	48.1	92.0	188.3
400′	19.9	50.3	93.5	189.0
23 h	23.5	56.3	96.5	190.6
24 h	23.9	56.4	96.8	190.8
试样总变形量	0.239 mm	0.564 mm	0.968 mm	1.908 mm

2. 参数计算

根据式(6-17)算出试样的初始孔隙比为 $e_0=\frac{1\times2.73\times(1+0.01\times28.96)}{1.88}-1=0.873$，采用式(6-18)、式(6-19)和式(6-20)分别计算了各级荷载作用下试样压缩后的孔隙比、压缩系数和压缩模量，列于表6-2中。可以看出，压缩模量 $E_{s1-2}=4.95$ MPa、压缩系数 $a_{v1-2}=0.378\ \text{MPa}^{-1}$，该场地土体属于中压缩性土。

表6-2 标准固结试验记录表(二)

试样初始高度 $h_0=20.0$ mm 初始孔隙比 $e_0=0.873$					$C_v=\frac{0.848\bar{h}^2}{t_{90}}$ 或 $C_v=\frac{0.197\bar{h}^2}{t_{50}}$			
加载历时/h	荷载 p/kPa	试样总变形量 $\sum\Delta h_i$/mm	压缩后试样高度 h/mm	孔隙比 e_i	压缩模量 E_s/MPa	压缩系数 a_v/MPa^{-1}	排水距离 $\bar{h}$/cm	固结系数 C_v/($\times10^{-3}\text{cm}^2\cdot\text{s}^{-1}$)
(1)	(2)	(3)	(4)	(5)	(6)	(7)	(8)	(9)
—	—	—	$h_0-(3)$	$e_0-(3)(1+e_0)/h_0$	—	—	$(h_i+h_{i+1})/4$	—

续表

试样初始高度 $h_0=20.0$ mm 初始孔隙比 $e_0=0.873$					$C_v=\frac{0.848\bar{h}^2}{t_{90}}$ 或 $C_v=\frac{0.197\bar{h}^2}{t_{50}}$			
加载历时/h	荷载 p/kPa	试样总变形量 $\sum\Delta h_i$/mm	压缩后试样高度 h/mm	孔隙比 e_i	压缩模量 E_s/MPa	压缩系数 a_v/MPa^{-1}	排水距离 $\bar{h}$/cm	固结系数 C_v/($\times10^{-3}cm^2\cdot s^{-1}$)
0	0	0	20	0.873	—	—	0.994	—
24	50	0.239	19.761	0.851	4.184	0.448	0.980	1.33
24	100	0.564	19.436	0.820	3.077	0.609	0.962	1.45
24	200	0.968	19.032	0.782	4.950	0.378	0.928	1.35
24	400	1.908	18.092	0.694	4.255	0.440	0.905	1.29

根据固结试验过程中量表读数随固结时间的变化关系，如图 6-9 所示，以垂向荷载为 50 kPa 为例，说明时间平方根法和时间对数法求解固结系数的区别。这些方法是利用时间与变形关系曲线的形状相似性，以经验配合法找出在某一固结度 U 下的固结时间 t 值。但实际试验的变形与时间关系曲线的形状因土的性质、状态及受荷历史而不同，因此两种方程求解出的结果可能存在较大差异。如图 6-9(a)所示，采用时间平方根法求解固结度 $U=90\%$ 所需的时间 t_{90} 时利用曲线初始段呈线性的特征，这与理论结果有较好的一致性，求解出的固结系数可靠性更好。然而，当采用时间对数法求解时，曲线与理论曲线存在较大差异，确定理论零点误差较大。这样按时间对数法确定 t_{50}，所求得的 C_v 值误差就更大。因此，在应用时，宜先用时间平方根法求 C_v。如不能准确确定出开始的直线段，再用时间对数法。

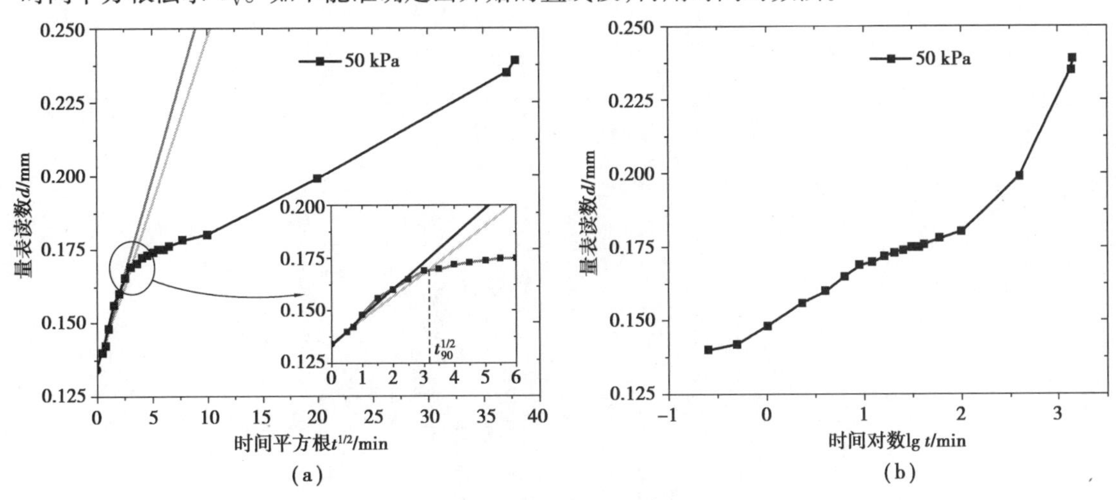

图 6-9　时间平方根法与时间对数法比较

如图 6-9 所示，采用时间平方根法求解固结度 $U=90\%$ 所需的时间 t_{90}。然后采用式(6-15)求解各级荷载作用下试样的固结系数，列于表 6-2 中。结果显示，该场地岩土体的固结系数为$(1.3\sim1.45)\times10^{-3}cm^2/s$。

3. 绘图

以各级荷载作用下孔隙比 e 为纵坐标，垂向压力 p(或 $\lg p$)为横坐标，绘制孔隙比与固结压力关系曲线，如图 6-10 所示。可以看出，随着固结压力增大，试样孔隙比逐渐减小，土体结构排列更加紧密。如需求解土样的压缩指数 C_c 及先期固结压力，则需要在更多荷载下开展固结试验。

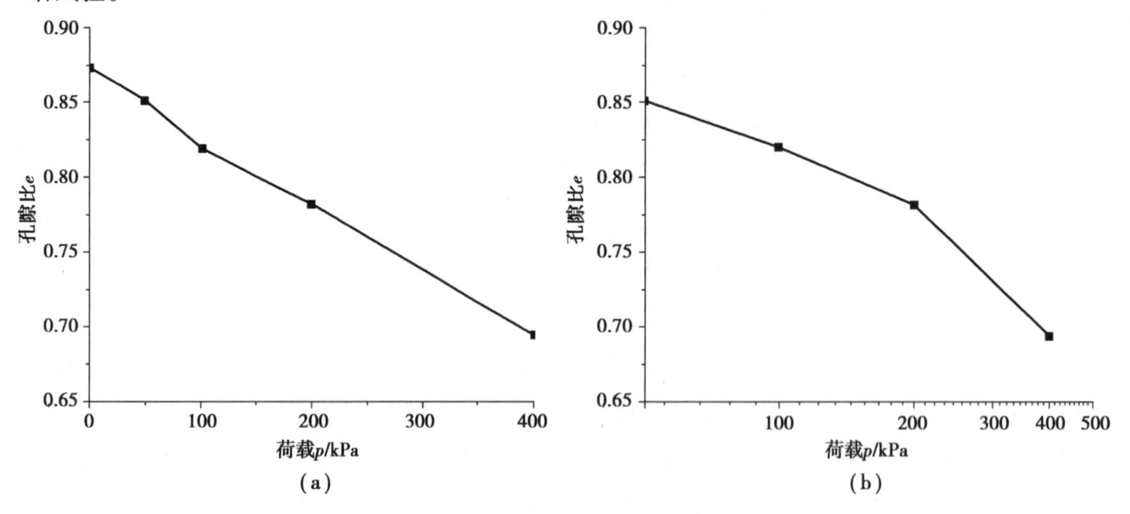

图 6-10 孔隙比与固结压力关系曲线

第七章

土的抗剪强度试验

第一节　土的抗剪强度理论

土的抗剪强度是指土体抵抗外荷载产生的剪切应力的能力，采用破坏面上的剪切应力来表示。摩擦性是土的基本性质之一，即土中一点某截面的剪切应力与该截面上作用的正应力和摩擦系数有关。当该截面上的剪切应力达到土的抗剪强度时，土体将沿剪切应力作用的方向滑动，即该点发生剪切破坏。在外荷载不断增大的过程中，土体由局部破坏发展成为连续剪切破坏，形成滑动面而引起滑坡或边坡失稳等现象。抗剪强度是评价地基承载力、土坡稳定性和计算土压力的重要参数。

土的抗剪强度是剪切面上正应力的函数，即 $\tau_f = f(\sigma)$。该函数的轨迹在 τ-σ 平面上为一条曲线，如图 7-1(a)所示，但在较低正应力条件下可以近似为直线，如图 7-1(b)所示，用库仑公式表示为

$$\tau_f = c + \sigma \tan \varphi \tag{7-1}$$

式中　τ_f——土的抗剪强度，kPa；

σ——作用在剪切面上的正应力，kPa；

c——土的黏聚力，kPa；

φ——土的内摩擦角，(°)。

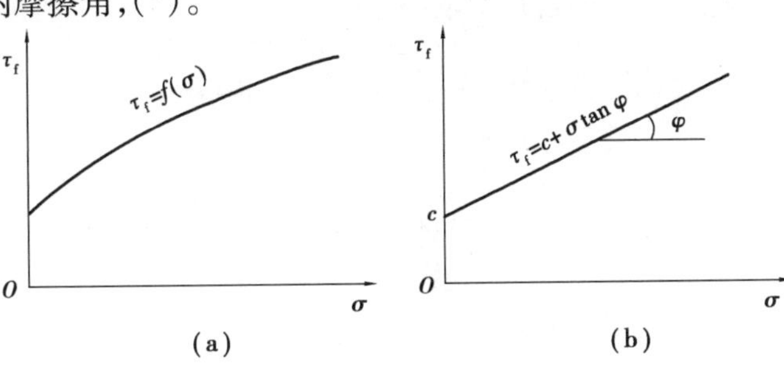

图 7-1　岩土材料抗剪强度与正应力关系

式(7-1)中，土的抗剪强度主要由两部分组成，一部分是剪切面颗粒间摩擦产生的摩阻力，另一部分是由颗粒间的胶结作用和静电引力效应等因素引起的粒间黏结力。此外，试样排水条件、剪切速率、应力状态和应力历史等因素也会影响土的抗剪强度。

地基中任一土体单元，假定其最大主应力为 σ_1，最小主应力为 σ_3，单元体内与 σ_1 的作用面成任意角度 α 的斜截面上的法向应力 σ 和剪切应力 τ 按下式计算

$$\sigma = \frac{\sigma_1 + \sigma_3}{2} + \frac{\sigma_1 - \sigma_3}{2}\cos 2\alpha \tag{7-2}$$

$$\tau = \frac{\sigma_1 - \sigma_3}{2}\sin 2\alpha \tag{7-3}$$

用莫尔应力圆表示斜截面上的应力为

$$\left(\sigma - \frac{\sigma_1 + \sigma_3}{2}\right)^2 + \tau^2 = \left(\frac{\sigma_1 - \sigma_3}{2}\right)^2 \tag{7-4}$$

莫尔应力圆的圆心位于点 $\left(\frac{\sigma_1+\sigma_3}{2},0\right)$ 处，半径为 $\frac{\sigma_1-\sigma_3}{2}$。当单元体处于极限平衡状态时，破坏面上剪应力与法向应力的关系用库仑定律表示为 $\tau_f = c+\sigma \tan \varphi$。如图 7-2 所示，破坏面与最大主应力 σ_1 面的夹角为 $2\alpha=90°+\varphi$。同一土体用 3～4 个试样在不同围压下进行试验，获得一组极限应力圆，作这组应力圆的公切线即为土的抗剪强度包络线，在低围压下近似为直线。

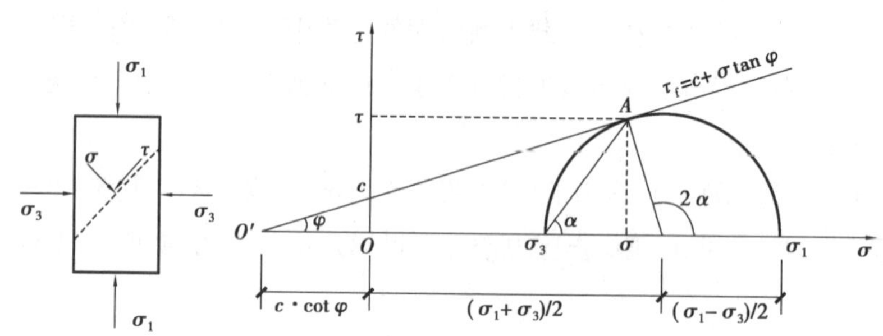

图 7-2　破坏面准应力状态及应力圆

当土体处于极限平衡状态时，抗剪强度包络线与莫尔应力圆相切，根据几何关系有

$$\sin \varphi = \frac{(\sigma_1 - \sigma_3)/2}{(\sigma_1 + \sigma_3)/2 + c \cdot \cot \varphi} \tag{7-5}$$

利用三角变换公式，将式(7-5)改写成如下形式

$$\sigma_1 = \sigma_3 \tan^2\left(45° + \frac{\varphi}{2}\right) + 2c \cdot \tan\left(45° + \frac{\varphi}{2}\right) \tag{7-6}$$

或

$$\sigma_3 = \sigma_1 \tan^2\left(45° - \frac{\varphi}{2}\right) - 2c \cdot \tan\left(45° - \frac{\varphi}{2}\right) \tag{7-7}$$

式(7-6)和式(7-7)是判断土体中某点是否达到极限平衡状态的条件。表明导致土体破坏的剪应力 τ_f 并不是土体实际承受的最大剪应力 τ_{max}，而是强度包络线与莫尔圆切点应力处于

极限状态。破坏面与大主应力作用面的夹角 θ_f 为

$$\theta_f = 45° + \frac{\varphi}{2} \tag{7-8}$$

第二节　直接剪切试验

一、试验目的

土的破坏以剪切破坏为主，直接剪切试验是确定土体抗剪强度最常用的方法。通常采用抗剪强度指标（内摩擦角 φ、黏聚力 c）来反映土的剪切特性，是土压力、地基承载力和土坡稳定等强度计算必不可少的指标。

二、试验原理与方法

土的摩擦性揭示了其剪切强度与承受的正应力有关，在低应力水平下呈线性关系，用库仑定律表示为 $\tau_f=c+\sigma\tan\varphi$，其中 τ_f 是土的抗剪强度，σ 是土承受的正应力，强度参数 c 和 φ 分别表示黏聚力和内摩擦角。

直剪试验通过在原状土和重塑土样上施加不同的垂直压力，在水平方向施加剪切力，获得试样破坏时的剪切应力，然后根据库仑定律确定土的抗剪强度参数。

根据实际工程中排水条件和施工进度，直剪试验分为快剪、固结快剪和慢剪 3 种情况。

①快剪试验（不固结不排水剪）：在试样上施加垂直压力后，立即施加水平剪切力，剪切过程中不允许排水，试样需在 3 ~ 5 min 内剪坏。用于模拟现场土质较厚、透水性较差、施工较快、施工期间土体来不及固结就发生剪切破坏的情况。

②固结快剪试验（固结不排水剪）：在试样上施加垂直压力，待试样排水固结稳定后，立即施加水平剪切力，剪切过程中不允许排水，试样需在 3 ~ 5 min 内剪坏。用于模拟现场土体在自重或荷载条件下已达到固结状态，随后遭遇荷载突增或快速施工致使土体发生剪切破坏的情况。

③慢剪试验（固结排水剪）：试样上施加垂直压力，待试样排水固结稳定后，以非常缓慢的速度施加水平剪切力，试样在剪切过程中充分排水固结不产生超孔隙水压力。

其中，快剪和固结快剪试验适用于渗透系数小于 1×10^{-6} cm/s 的细粒土。本试验仅介绍快剪试验的具体操作流程，固结快剪试验和慢剪试验参考规范《土工试验方法标准》（GB/T 50123—2019）。

三、试验仪器

①应变控制式直剪仪：由剪切容器、垂直加压设备、推动座、量力环等组成，如图 7-3 所示。

②位移传感器或位移计(百分表):量程 5~10 mm,精度 0.01 mm。

③天平:称量 500 g,精度 0.1 g。

④其他辅助设备:环刀(直径 6.18 cm,高 2 cm)、饱和器、透水石、削土刀、秒表、滤纸、直尺等。

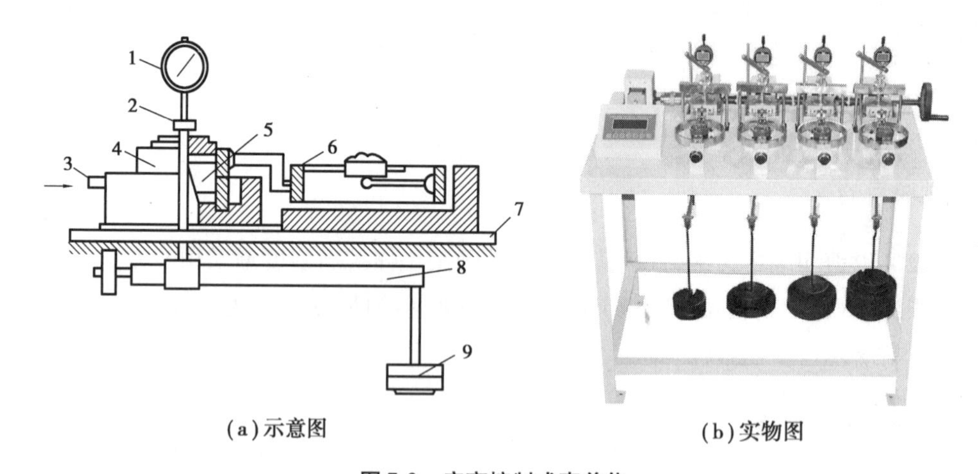

(a)示意图　　(b)实物图

图 7-3　应变控制式直剪仪

1—垂直变形百分表;2—垂直加压框架;3—推动座;4—剪切盒;
5—试样;6—测力计;7—台板;8—杠杆;9—砝码

四、试验操作步骤

1.试样制备

(1)黏性土试样制备

①用环刀切取原状土试样或制备特定干密度及含水率的扰动土试样,饱和试样需进行抽气饱和。

②测定试样的密度及含水率。

(2)砂类土试样制备

①根据试验要求的干密度称量每个试样所需的过 2 mm 筛孔的风干砂土样,精确至 0.1 g。

②对准剪切容器上下盒,插入固定销,将洁净的透水板放入剪切盒内。

③将准备好的砂土样倒入剪力盒内,抚平表面,放上硬木块,用手轻轻敲打,使试样达到要求的干密度后取出硬木块。

2.样品数及垂直压力规定

每组试验至少制备 4 个试样,分别在 4 种不同垂直压力下进行剪切试验。垂直压力的大小可根据工程实际和土的软硬程度施加,通常取垂直压力分别为 100 kPa、200 kPa、300 kPa 和 400 kPa。

3. 试样安装与剪切

①取出剪切容器,对准上下盒,插入固定销,在下盒内放不透水板,将装有试样的环刀平口向下对准剪切盒口,在试样顶面放不透水板,然后将试样徐徐推入剪切盒内,移去环刀。对砂类土,其制备和安装直接在剪切仪上完成。

②转动手轮使上盒前端钢珠与量力环接触,调整量力环上的百分表读数为零;在试样面上依次放上加压盖板、钢珠和加压框架,安装垂直位移传感器,记录起始读数。

③按加载标准施加第一级垂直压力 $p=100$ kPa。

④拔去固定销,启动电源,打开秒表,以 4 ~ 6 r/min 匀速旋转手轮,使试样在 3 ~ 5 min 内剪坏。剪坏标准:a. 当量力环上百分表读数不变或明显后退;b. 百分表指针不后退时,以剪切位移为 4 mm 对应的剪应力为抗剪强度,此时剪切位移达 6 mm 时才停止。

⑤卸除压力,取下加力框架、钢珠、加压盖等,取出试样。必要时测定剪切面附近土的含水率。

⑥重复上述步骤,改变垂直压力分别为 200 kPa、300 kPa、400 kPa 进行试验。

五、试验注意事项

①定期检查校正仪器,避免加载砝码锈蚀引起的垂直压力误差。

②同一组试验应在一台仪器上进行,以消除仪器误差。

③垂直压力加载时轻拿轻放砝码,避免产生振动荷载。

④手轮应尽量匀速转动,剪切过程中不可停顿。

六、试验结果分析

①剪应力计算

$$\tau = \frac{CR}{A_0} \times 10 \tag{7-9}$$

式中　τ——剪应力,kPa;

C——测力计率定系数,N/0.001 mm;

R——测力计读数,0.01 mm;

A_0——试样面积,cm^2;

10——单位换算系数。

②剪切位移计算

$$\Delta L = 20n - R \tag{7-10}$$

式中　ΔL——剪切位移量,0.01 mm;

R——测力计读数,0.01 mm;

n——手轮转数。

③以剪应力 τ 为纵坐标，剪切位移 ΔL 为横坐标，绘制 τ-ΔL 关系曲线。

④在 τ-ΔL 关系曲线上确定土的抗剪强度 τ_f。当 τ-ΔL 关系曲线上存在峰值时，以峰值点对应的剪切力作为抗剪强度 τ_f；当无明显峰点时，取剪切位移 $\Delta L=4$ mm 对应的剪应力作为抗剪强度 τ_f。

⑤以不同垂直压力下土的抗剪强度 τ_f 为纵坐标，垂直压力 σ 为横坐标，按线性拟合 τ_f-σ 关系曲线。直线的倾角即为土的内摩擦角 φ，截距则为土的黏聚力 c。

七、实例分析

某工程场地表层覆盖层以红黏土为主，为了测定该场地红黏土强度特征，现场取原状土样，按照规范制作原状红黏土试样开展直接剪切试验。设定直剪试验的垂直压力分别为 100 kPa、200 kPa、300 kPa 和 400 kPa，试样截面积 $A_0=30\ cm^2$，测力计率定系数 $C=1.608$ N/0.001mm，试验时手轮转速为 5 r/min。表 7-1 记录了不同手轮转数情况下测力计读数，按照式(7-9)和式(7-10)分别计算了试验过程中剪切位移和剪切应力。

表 7-1　直剪试验记录表

手轮转数	测力计读数 R/0.01 mm				剪切位移 ΔL/0.01 mm				剪应力/kPa			
	100 kPa	200 kPa	300 kPa	400 kPa	100 kPa	200 kPa	300 kPa	400 kPa	100 kPa	200 kPa	300 kPa	400 kPa
0	0	0	0	0	0	0	0	0	0	0	0	0
1	10	13	13	15	10	7	7	5	5.36	6.97	6.97	8.04
2	17.5	25	29	30	22.5	15	11	10	9.38	13.4	15.54	16.08
3	25	35	40	43	35	25	20	17	13.4	18.76	21.44	23.05
4	33	43	52	60	47	37	28	20	17.69	23.05	27.87	32.16
5	38	50	62	72	62	50	38	28	20.37	26.8	33.23	38.59
6	44.5	55	72	85	75.5	65	48	35	23.85	29.48	38.59	45.56
7	50	60.5	81	95	90	79.5	59	45	26.8	32.43	43.42	50.92
8	55	65	90	104	105	95	70	56	29.48	34.84	48.24	55.74
9	59.5	69	96	111	120.5	111	84	69	31.89	36.98	51.46	59.5
10	62	72	101	117	138	128	99	83	33.23	38.59	54.14	62.71
11	64	77	105	120	156	143	115	100	34.3	41.27	56.28	64.32
12	66	83	109	123	174	157	131	117	35.38	44.49	58.42	65.93
13	66.2	87	111	125	193.8	173	149	135	35.48	46.63	59.5	67

续表

手轮转数	测力计读数 R/0.01 mm				剪切位移 ΔL/0.01 mm				剪应力/kPa			
	100 kPa	200 kPa	300 kPa	400 kPa	100 kPa	200 kPa	300 kPa	400 kPa	100 kPa	200 kPa	300 kPa	400 kPa
14	66	91	112	124	214	189	168	156	35.38	48.78	60.03	66.46
15	65	93	110	124	235	207	190	176	34.84	49.85	58.96	66.46
16	63	94	105	123	257	226	215	197	33.77	50.38	56.28	65.93
17	61	94.5	95	122	279	245.5	245	218	32.7	50.65	50.92	65.39
18	59	94	90	120	301	266	270	240	31.62	50.38	48.24	64.32
19	57	93	85	117	323	287	295	263	30.55	49.85	45.56	62.71

图 7-4 显示了不同垂向压力条件下剪切应力与剪切位移之间的关系，表明该原状土样总体上呈现出应变软化的特征，即随着剪切位移的增大，剪应力呈现出先增大后减小的趋势，曲线具有较明显的峰值。以剪切应力与剪切位移关系曲线的峰值作为该土体在某一压力下的抗剪强度，随着垂向压力增加，土体的剪切强度呈现出增加的趋势。

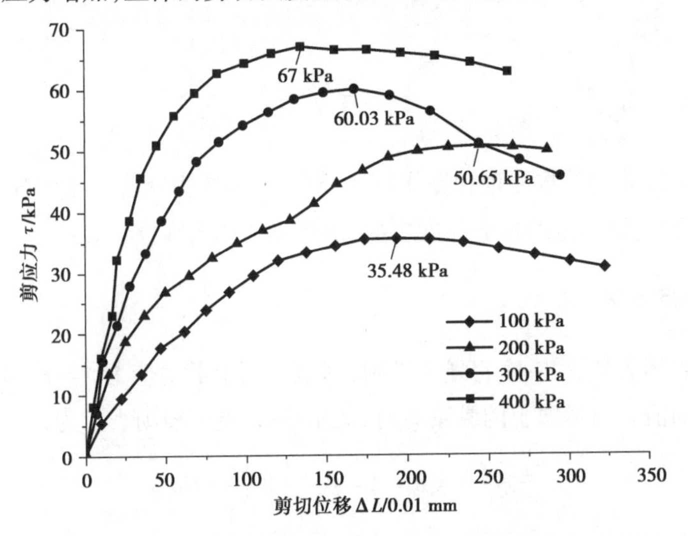

图 7-4　剪应力 τ 与剪切位移 ΔL 关系曲线

以不同垂向压力条件下的剪切强度绘制抗剪强度 τ_f 与正应力 σ 关系曲线，如图 7-5 所示。曲线近似呈线性，按线性拟合为 $\tau_f = 27.31 + 0.104\sigma$，最终确定该岩土体的强度参数 $c = 27.31$ kPa、$\varphi = 6°$。

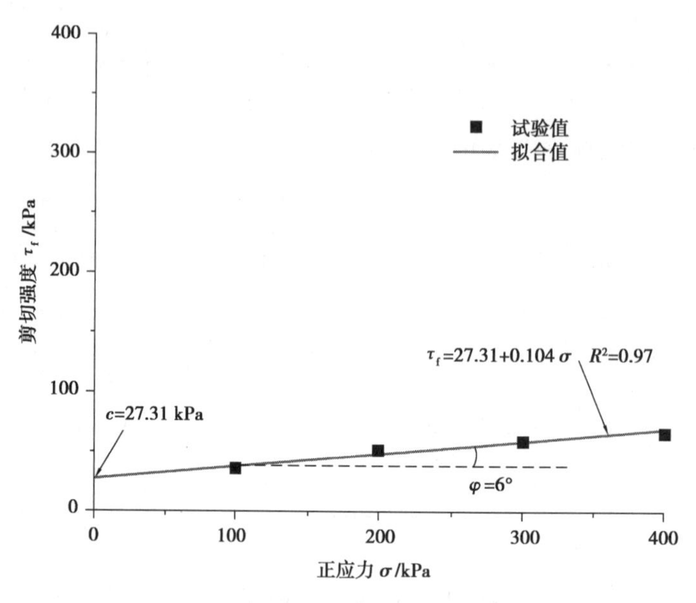

图 7-5　抗剪强度 τ_f 与正应力 σ 关系曲线

第三节　三轴压缩试验

一、试验目的

了解三轴压缩试验的基本原理和操作方法，研究三向应力状态下土的强度与变形特征，根据莫尔-库仑强度理论给出土的抗剪强度参数（黏聚力 c 和内摩擦角 φ）。

二、试验原理与方法

岩土材料的破坏服从莫尔-库仑强度准则，即破坏面上的剪应力 τ 与法向应力 σ 的比值等于内摩擦角的正切值。当考虑土的黏聚力时，莫尔-库仑破坏准则表示为

$$\frac{\sigma_1 - \sigma_3}{2} = c \cdot \cos \varphi + \frac{\sigma_1 + \sigma_3}{2} \sin \varphi \tag{7-11}$$

式中　σ_1——最大主应力，kPa；

σ_3——最小主应力，kPa；

c——土的黏聚力，kPa；

φ——土的内摩擦角，(°)。

三轴试验是同一土体用 3～4 个试样在不同围压下进行试验，获得一组极限应力圆，作这组应力圆的公切线即为土的抗剪强度包络线，在低围压下近似为直线，用库仑定律表示。三轴试验轴向应力与围压之间的差值（$\sigma_1-\sigma_3$）即为施加在试样上的广义剪应力，因此三轴压缩试验也称为三轴剪切试验。试验时首先将试样分别在不同围压（最小主应力 σ_3）固结，固结完成

后主要有两种方式使试样处于极限状态。如图 7-6 所示，第一种方式是在围压不变的情况下逐渐增大轴向压力（最大主应力 σ_1）直至试样剪切破坏，第二种方式是轴向压力不变的情况下逐渐减小围压直至试样破坏。

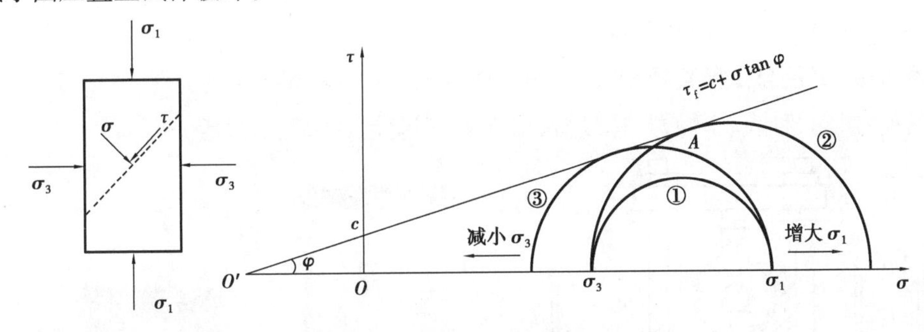

图 7-6　三轴试验土体极限状态

三轴压缩试验的破坏面不像直剪试验那样被固定在特定平面，能较好地模拟土体的潜在破坏面。此外，三轴压缩试验便于控制试样排水条件，能准确测定土的孔隙压力及体积变化，试样受力状态明确，可以控制大、小主应力和应力路径。这些优点使三轴压缩试验被广泛应用于研究土的强度和变形特性。

根据场地排水和施工条件，通常采用不固结不排水试验（UU）、固结不排水试验（CU）和固结排水试验（CD）3 种方法。

（1）不固结不排水试验（UU）

施加围压后增大轴压直至试样破坏过程均不排水，孔隙水压力不消散，试验测得的是总抗剪强度参数 c_u 和 φ_u。适用于土的渗透系数较小，且排水条件差，施工速度快的情况。

（2）固结不排水试验（CU）

试样安装完成后先在围压下排水固结，然后在不排水情况下增大轴压直至破坏。当剪切过程中不测孔隙水压力时，试验测得总抗剪强度参数 c_{cu} 和 φ_{cu}；当剪切过程中测孔隙水压力时，可求得有效抗剪强度参数 c'、φ'和孔隙水压力系数。固结不排水试验用于模拟土层较薄、渗透系数大和施工速度慢的工程；或建筑施工后地基完成固结，但使用期间荷载突然增大或地下水位骤降的情况。

（3）固结排水试验（CD）

试样先在围压下排水固结，然后在排水条件下缓慢增大轴压直至试样破坏，获得土的有效强度参数 c_d 和 φ_d。

三、试验仪器

①应变控制式三轴试验仪：由反压力控制系统、围压控制系统、压力室、孔隙水压力量测系统组成，如图 7-7 所示。其附属设备包括：击实器、饱和器、切土盘、切土器和切土架、原状土分样器、承膜筒、对开圆模等。

②天平：称量 200 g，精度为 0.01 g；称量 1 000 g，精度为 0.1 g；称量 5 000 g，精度为 1 g。

③负荷传感器：轴向力的最大允许误差为±1%。

④位移传感器(或量表)：量程 30 mm，精度为 0.01 mm。

⑤橡皮膜：直径为 39.1 mm 和 61.8 mm 的试样，橡皮膜厚度为 0.1 ~0.2 mm；直径为 101 mm 的试样，橡皮膜厚度为 0.2 ~0.3 mm。

⑥透水板：直径与试样直径相等，渗透系数宜大于试样的渗透系数。

⑦其他：烘箱、秒表、干燥器、称量盒、切土刀、钢丝锯、滤纸、卡尺等。

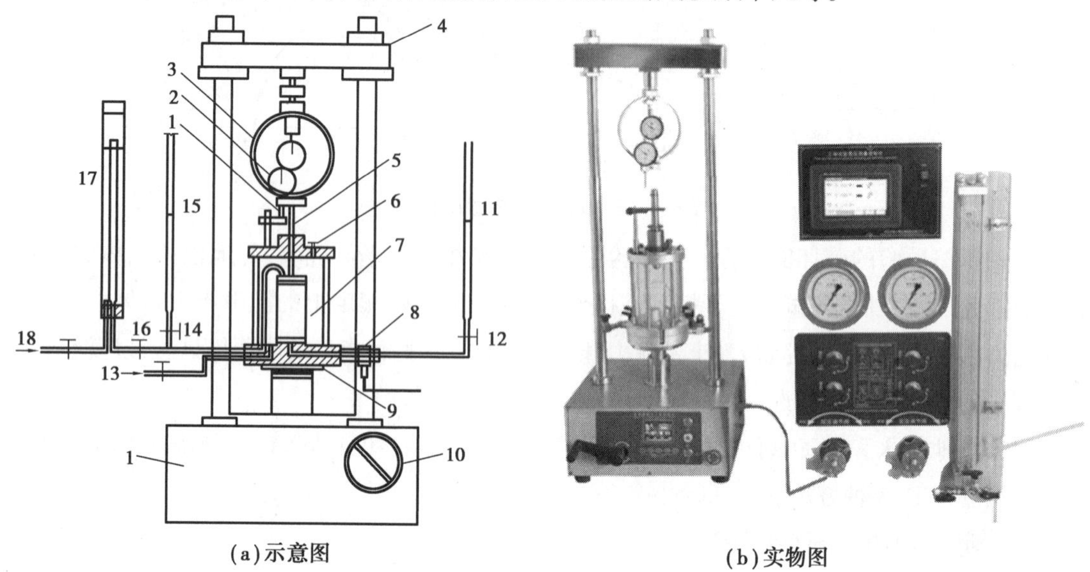

(a)示意图　　(b)实物图

图 7-7　应变控制式三轴试验仪

1—试验机；2—轴向位移计；3—轴向测力计；4—试验机横梁；5—活塞；6—排气孔；7—压力室；8—孔隙压力传感器；9—升降台；10—手轮；11—排水管；12—排水管阀；13—周围压力；14—排水管阀；15—量水管；16—体变管阀；17—体变管；18—反压力

四、试验操作步骤

1. 仪器检查

①根据试样强度选择测力计量程，轴向压力和围压的精度不小于最大压力的 1%。

②排出孔隙压力测量系统中的气泡。在孔隙压力测量系统中充入无气水并施压，打开孔隙水压力阀，反复数次让管路中的气泡从压力室排出。

③检查排水管路是否畅通。活塞在轴套内能自由滑动，各连接处无漏水漏气现象。检查完毕后。关周围压力阀、孔隙压力阀和排水阀以备使用。

④检查橡皮膜是否漏气。扎紧两端，在膜内充气，然后在水下检查有无漏气。

2. 试样制备

①试样高径比(h/D)宜为 2.0 ~2.5，通常试样直径 D 采用 39.1 mm、61.8 mm 及 101.0 mm，对于有裂隙、软弱面或构造面的试样直径采用 101.0 mm。

②原状土样：土样较软时，先切取稍大于规定尺寸的土柱置于切土盘上、下圆盘之间，再用

钢丝据或削土刀紧靠侧板，由上往下细心切削，边切削边转动圆盘，直至土样被削成规定的直径为止，然后按试样高度要求削平上下两端。土样较硬时，先切取稍大于规定尺寸的土柱，削平上下两端后放在切土架上，用切土器切削。

③扰动土样：采用经风干、碾碎、过筛的土样，根据预设的干密度和含水率称取土样和需加水量拌和均匀后置于密闭容器内至少 20 h，在击实器内分层击实（粉质土分 3 ~5 层，黏质土 5 ~8 层），每层土料相等，各层接触面刨毛，最后整平试样两端，称其质量。

④砂土制样：先在压力室底座上依次放上透水石、滤纸、乳胶薄膜和对开圆模筒，然后根据试样干密度和体积称取风干砂土分三层装入对开圆模筒内，轻敲对开模击实。制备饱和砂土样时，先在圆模筒内注入无气水至 1/3 高，再填入预先煮沸的砂料完成第一层装填，重复该步至砂料填至预设高度。装样完成后，放上透水板、试样帽，翻起橡皮膜扎紧在试样帽上。降低量水管水头 50 cm 使试样内产生负压，最后拆除对开圆模筒。

⑤试样称重，直径为 61.8 cm 和 39.1 mm 的准确至 0.1 g，直径为 101 mm 的精确至 1 g。取余土测定试样的含水率，用卡尺测量试样的高度和直径，试样平均直径为 D_0：

$$D_0 = \frac{D_1 + 2D_2 + D_3}{4} \tag{7-12}$$

式中　D_1、D_2、D_3——试样上、中、下部位的直径。

⑥试样饱和：根据试验所采用的土样性质、状态和饱和度要求，采用抽气饱和法、水头饱和法和反压力饱和法等方法进行试样饱和。

3. 试验过程

1）不固结不排水试验（UU）

（1）试样安装

①装样：压力室底座充水后放上不透水板，将制备好的试样放在底座上的不透水板上，顶部安装不透水板和试样帽。砂性土试样制作过程即在压力室内完成安装。

②套膜：将橡皮膜套在承膜筒内，两端翻出筒外，用吸嘴吸气使膜紧贴承膜筒内壁，然后套在试样外，放气，翻起橡皮膜两端，取出承膜筒。用橡皮圈将橡皮膜分别扎紧在压力室底座和试样帽上。

③安装压力室罩：先升高活塞避免碰撞试样，压力室罩安放后，将活塞对准试样帽中心，并均匀地旋紧螺丝。

④充水排气：开排气孔，向压力室充水，快注满水时，降低进水速度，水从排气孔溢出时，关闭排气孔。

⑤施加围压：关体变管阀及孔隙压力阀，开围压阀，施加围压。围压大小应与工程实际的小主应力 σ_3 相适应。也可按 100 kPa、200 kPa、300 kPa、400 kPa 施加。

⑥测微表调零：转动手轮，当轴向测力测微表有读数时表示活塞已与试样帽接触，然后将轴向力和变形的测微表读数调整到零位。

(2)试样剪切

①开机剪切:剪切应变速率宜为0.5%/min~1.0%/min。数据记录频率为初始阶段发生轴向应变0.3%~0.4%时记录1次,轴向应变达3%以后每增加0.7%~0.8%时记录1次,接近峰值强度时应加密记录。

②终止条件:轴向力出现峰值后,再继续剪3%~5%轴向应变;轴向力无明显减少时,剪切至轴向应变达15%~20%。

③拆除样品:试验结束后,关闭电机,倒转手轮,排去压力室内的水,拆除压力室罩,擦干试样周围的水,脱去试样外的橡皮膜,描述破坏后形状,测定试验后含水率。

2)固结不排水试验(CU)

(1)试样安装

①装样:开孔隙压力阀及量管阀,压力室底座充水排气后关阀。底座上放置饱和透水石,然后依次放上湿滤纸和试样,试样上端放湿滤纸及透水板,周围贴上7~9条湿滤纸条(宽度为试样直径的1/6~1/5),滤纸条两端与透水石连接。

②套膜:将橡皮膜套在承膜筒内,两端翻出筒外,用吸嘴吸气使膜紧贴承膜筒内壁,然后套在试样外,放气,翻起橡皮膜两端,取出承膜筒。橡皮膜下端紧扎在压力室底座上。

③排出夹气:用软刷子或双手自下而上排出试样与橡皮膜之间的气泡。

④试样帽排气:开排水管阀,使水从试样帽流出以排出管路中气泡,然后将试样帽置于试样顶端。排出顶端气泡,将橡皮膜扎紧在试样帽上。

⑤排出膜间水分:降低排水管使其水面位于试样中心以下20~40 cm,吸出试样与橡皮膜之间多余水分,关排水管阀。

⑥安装压力室罩:先升高活塞避免碰撞试样,压力室罩安放后,将活塞对准试样帽中心,并均匀地旋紧螺丝。

⑦充水排气:开排气孔,向压力室充水,快注满水时,降低进水速度,水从排气孔溢出时,关闭排气孔。压力室内注满水后降低排水管水面与试样中心高度齐平,测量并记录其水面读数,关闭排水管阀。

(2)排水固结

①孔压起始读数:使量管水面位于试样中心高度处,开量管阀,测记孔隙压力起始读数,然后关量管阀。

②施加围压:关体变管阀及孔隙压力阀,开围压阀,施加围压。转动手轮使轴向测力测微表有读数,然后调整轴向力和变形的测微表读数到零位。

③初始孔隙压力:打开孔隙压力阀,测记稳定后的孔隙压力读数,减去孔隙压力计起始读数,即为周围压力与试样的初始孔隙压力。

④排水固结:开排水管阀并启动秒表,按0 min、0.25 min、1 min、4 min、9 min…时间测量并记录排水读数及孔隙压力计读数。固结过程中可随时绘制排水量ΔV与时间平方根(ΔV-$\sqrt{t}$)或时间对数(ΔV-lg t)曲线及孔隙压力消散度与时间对数曲线,使固结度至少达到95%。

⑤固结完成：关排水管阀，记录排水管和孔隙压力读数，转动手轮使轴向力读数微动，表明活塞与试样接触，记下轴向位移读数，即为固结下沉量 Δh。依此算出固结后试样高度 h_e。然后将轴向力和轴向位移读数都调至零。

(3)试样剪切

①开机剪切：剪切应变速率宜为 0.05%/min～0.10%/min，粉土剪切应变速率宜为 0.1%/min～0.5%/min。数据记录频率为初始阶段发生轴向应变 0.3%～0.4% 时记录 1 次，轴向应变达 3% 以后每增加 0.7%～0.8% 时记录 1 次，接近峰值强度时应加密记录。

②终止条件：轴向力出现峰值后，再继续剪 3%～5% 轴向应变；轴向力无明显减少时，剪切至轴向应变达 15%～20%。

③拆除样品：试验结束后，关闭电机，倒转手轮，排去压力室内的水，拆除压力室罩，擦干试样周围的水，脱去试样外的橡皮膜，描述破坏后形状，测定试验后含水率。

3)固结排水剪试验(CD)

①试样的安装、固结方法与 CU 试验相同。

②试样的剪切方法与 CU 试验相同，但在剪切过程中应打开排水阀。剪切速率宜为 0.003%/min～0.012%/min。

五、试验注意事项

①三轴试验所采用的土样粒径应小于 20 mm。

②试验操作前仔细检查仪器各部分及配套设备是否正常。

③采用原状试样时，应尽量减小对土体结构的扰动，并保持含水率不变。

④试验前需将透水石在水中煮沸排出气泡，检查橡皮膜是否渗漏。

⑤试验时压力室内充满纯水，没有气泡。

六、试验结果分析

(1)试样尺寸校正

三轴试验的试样高度、截面积和体积等试样尺寸参数会在固结和剪切试验过程中发生变化，为了更好地了解试验过程中的应力、应变和强度变化规律，需对固结前后和剪切时试样的高度、面积、体积参数进行校正，校正方法见表 7-2。

表 7-2　三轴试验试样高度、面积、体积参数校正

项目	起始	固结后		剪切时校正值
		实测固结下沉	等应变简化式样	
高度/cm	h_0	$h_c=h_0-\Delta h_c$	$h_c=h_0\left(1-\dfrac{\Delta V}{V_0}\right)^{1/3}$	—

续表

<table>
<tr><th rowspan="2">项目</th><th rowspan="2">起始</th><th colspan="2">固结后</th><th rowspan="2">剪切时校正值</th></tr>
<tr><th>实测固结下沉</th><th>等应变简化式样</th></tr>
<tr><td rowspan="3">面积/cm^2</td><td rowspan="3">A_0</td><td rowspan="3">$A_c=\frac{V_0-\Delta V}{h_c}$</td><td rowspan="3">$A_c=A_0\left(1-\frac{\Delta V}{V_0}\right)^{2/3}$</td><td>$A_a=\frac{A_0}{1-0.01\varepsilon_1}$ (UU)</td></tr>
<tr><td>$A_a=\frac{A_c}{1-0.01\varepsilon_1}$ (CU)</td></tr>
<tr><td>$A_a=\frac{V_c-\Delta V_i}{h_c-\Delta h_i}$ (CD)</td></tr>
<tr><td>体积/cm^3</td><td>V_0</td><td colspan="2">$V_c=h_cA_c$</td><td>—</td></tr>
</table>

注：①Δh_c 为固结下沉量（cm），由轴向位移计测得；

②ΔV 为固结排水量（cm^3），实测或由试验前后试样质量差换算；

③ΔV_i 为排水剪中剪切时的试样体积变化（cm^3），按体变管或排水管读数求得；

④ε_1 为轴向应变（%）；

⑤Δh_i 试样剪切时高度变（cm），由轴向位移计测得。

（2）主应力差$(\sigma_1-\sigma_3)$计算

$$(\sigma_1-\sigma_3)=\frac{CR}{A_a}\times 10 \tag{7-13}$$

式中　σ_1——大主应力，kPa；

σ_3——小主应力，kPa；

C——测力计率定系数，N/0.01 mm；

R——测力计读数，0.01 mm；

A_a——试样剪切时的面积，cm^2。

（3）有效主应力比，σ_1'/σ_3'，计算

$$\frac{\sigma_1'}{\sigma_3'}=\frac{\sigma_1-\sigma_3}{\sigma_3'}+1 \tag{7-14}$$

$$\sigma_1'=\sigma_1-u \tag{7-15}$$

$$\sigma_3'=\sigma_3-u \tag{7-16}$$

式中　σ_1'、σ_3'——最大、最小有效主应力，kPa；

σ_1、σ_3——最大、最小主应力，kPa；

u——孔隙水压力，kPa。

（4）孔隙压力系数 B 和 A 计算

$$B=\frac{u_0}{\sigma_3} \tag{7-17}$$

$$A=\frac{u_d}{B(\sigma_1-\sigma_3)} \tag{7-18}$$

式中　u_0——围压作用下产生的初始孔隙压力,kPa;

u_d——主应力差($\sigma_1-\sigma_3$)下产生的孔隙压力,kPa。

(5)制图

①根据需要分别绘制主应力差($\sigma_1-\sigma_3$)与轴向应变 ε_1 的关系曲线,有效主应力比(σ_1'/σ_3')与轴向应变 ε_1 的关系曲线,孔隙压力 u 与轴向应变 ε_1 的关系曲线,用$\frac{\sigma_1'-\sigma_3'}{2}\left(\frac{\sigma_1-\sigma_3}{2}\right)$与$\frac{\sigma_1'+\sigma_3'}{2}\left(\frac{\sigma_1+\sigma_3}{2}\right)$作坐标的应力路径关系曲线。

②破坏点的取值可取($\sigma_1-\sigma_3$)或(σ_1'/σ_3')的峰点值。如($\sigma_1-\sigma_3$)和(σ_1'/σ_3')均无峰值,应以应力路径的密集点或按一定轴向应变(一般可取 $\varepsilon_1=15\%$)相应的($\sigma_1-\sigma_3$)或(σ_1'/σ_3')作为破坏强度值。

③应按下列规定绘制强度包线:

a. 对于 UU 试验及 CU 试验,以法向应力 σ 为横坐标、剪应力 τ 为纵坐标,在横坐标上以$\frac{\sigma_{1f}+\sigma_{3f}}{2}$为圆心,$\frac{\sigma_{1f}-\sigma_{3f}}{2}$为半径(f 注脚表示破坏值),绘制破坏总应力圆后,作诸圆包络线。该包络线的倾角为内摩擦角 φ_u 或 φ_{cu},包络线在纵轴上的截距为黏聚力 c_u 或 c_{cu}。

b. 在 CU 中测孔隙压力,可确定试样破坏时的有效应力。以有效应力 σ'为横坐标、剪应力 τ 为纵坐标,在横坐标轴上以$\frac{\sigma_{1f}'+\sigma_{3f}'}{2}$为圆心,以$\frac{\sigma_{1f}'-\sigma_{3f}'}{2}$为半径,绘制不同周围压力下的有效破坏应力圆后,作诸圆包络线,包络线的倾角为有效内摩擦角 φ',包络线在纵轴上的截距为有效黏聚力 c'。

c. 在排水剪切试验中,孔隙压力等于零,抗剪强度包线的倾角和在纵轴上的截距分别以 φ_d 和 c_d 表示。

d. 如各应力圆无规律,难以绘制各圆的强度包线,可按应力路径取值,即以$\frac{\sigma_1'-\sigma_3'}{2}\left(\frac{\sigma_1-\sigma_3}{2}\right)$为纵坐标、$\frac{\sigma_1'+\sigma_3'}{2}\left(\frac{\sigma_1+\sigma_3}{2}\right)$为横坐标,绘制应力圆,作通过各圆之圆顶点的平均直线。根据直线的倾角及在纵坐标上的截距,应按下列公式计算 φ'和 c'

$$\varphi'=\sin^{-1}\tan\alpha \tag{7-19}$$

$$c'=d/\cos\varphi' \tag{7-20}$$

式中　α——平均直线的倾角,(°);

d——平均直线在纵轴上的截距,kPa。

七、实例分析

某试验场地地层为分布相对均匀的黏性土,现场取原状土样密封后,在室内采用三轴试验研究其力学特性,并确定其固结不排水抗剪强度指标。

1. 试验记录

原状土取回后，按标准制成直径为 39.1 mm 的三轴试样，试样含水率为 35%。试验设定围压分别为 100 kPa、150 kPa、200 kPa、250 kPa 和 350 kPa，试样制作并安装完成后，首先分别在不同围压下固结，固结阶段试样排水量和孔隙压力随固结时间的变化记录于表 7-3 中。

表 7-3 三轴压缩试验(固结阶段)记录表

围压	100 kPa		150 kPa		200 kPa		250 kPa		350 kPa	
时间/min	排水量/mL	孔压/kPa	排水量/mL	孔压/kPa	排水量/mL	孔压/kPa	排水量/mL	孔压/kPa	排水量/mL	孔压/kPa
0	0	46	0	24	0	49	0	175	0	224
0.25	0.35	39	0.08	23	0.19	49	0.5	155	0.32	190
0.5	0.35	34	0.16	23	0.22	47	0.59	143	0.39	170
1	0.37	29	0.17	21	0.27	47	0.67	127	0.45	154
2.25	0.45	23	0.18	19	0.3	44	0.78	105	0.6	127
4	0.52	17	0.18	17	0.34	41	0.98	89	0.8	110
6.25	0.57	13	0.2	15	0.37	39	1.1	76	0.92	95
9	0.6	9	0.23	12	0.39	36	1.27	65	1.09	83
12.25	0.65	7	0.26	11	0.47	33	1.38	56	1.2	73
16	0.65	5	0.27	9	0.51	31	1.5	49	1.36	64
20.25	0.67	4	0.28	8	0.55	28	1.61	40	1.48	57
25	0.73	3	0.28	7	0.57	26	1.73	38	1.6	50
30.25	0.75	2	0.29	7	0.6	24	1.81	33	1.7	44
36	0.75	2	0.29	7	0.64	23	1.91	29	1.8	38
42.25	0.75	2	0.29	6	0.67	22	1.98	26	1.9	33
49	0.75	2	0.29	6	0.72	20	2.01	23	1.9	29
64	0.75	2	0.29	6	0.77	17	2.1	17	1.96	21
100	0.79	1	0.3	6	0.79	15	2.24	12	2.1	12
144	—	—	0.3	6	0.82	14	2.36	8	2.25	7
196	—	—	0.3	6	0.87	14	2.48	7	2.4	4
291	—	—	0.32	6	0.87	14	2.49	6	2.5	3
324	—	—	0.32	6	0.87	14	2.58	6	2.6	2
400	—	—	0.37	6	0.87	13	2.6	5	2.62	1
484	—	—	0.37	6	0.89	13	2.68	5	2.7	1
576	—	—	0.38	6	0.89	13	2.71	4	2.79	1
676	—	—	—	—	0.89	13	—	—	2.8	1

图 7-8 为固结阶段孔隙水压力消散过程,结果显示围压越高,初始孔隙水压力越大,在固结阶段的前 100 min 内孔隙水压力迅速消散并逐渐趋于稳定。最终稳定的孔隙水压力很小,对试验结果的影响可以忽略不计,认为试样已经完成固结。

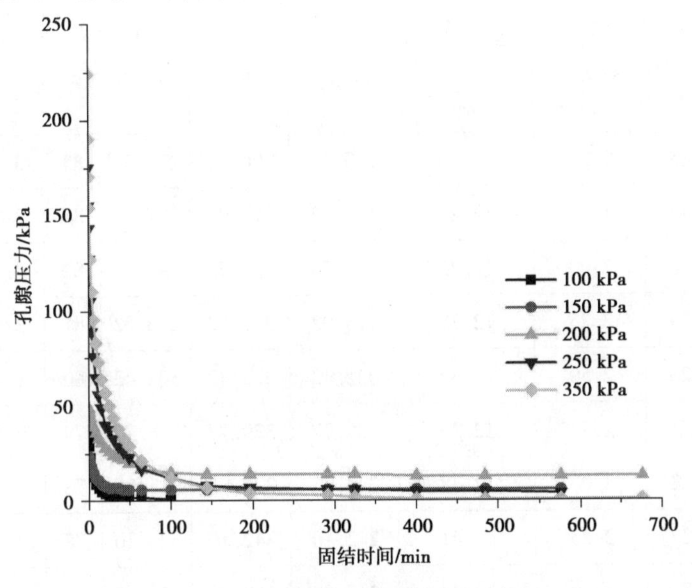

图 7-8　固结阶段孔隙水压力消散过程

试样固结完成后,逐渐增大轴向压力进行剪切试验,不同围压条件下试样剪切阶段试验记录见表 7-4—表 7-8。试验中详细记录了试样轴向变形、测力计读数和孔隙水压力变化情况,按照前述方法进行试验结果计算与分析。

表 7-4　三轴压缩试验(剪切阶段)记录表(围压 100 kPa)

周围压力 σ_3 = 100 kPa 剪切应变速率 = 0.4 mm/min 测力计率定系数 C = 2.795 N/0.0 mm						固结下沉量 Δh = ______ cm 固结后高度 h_c = 8 cm 固结后面积 A_c = 12 cm^2					
轴向变形 Δh_i /mm	测力计读数 R /0.01 mm	孔隙压力 /kPa	轴向应变 $\varepsilon_1=\dfrac{\Delta h_i}{h_c\times10}$ /%	试样校正面积 $A_a=\dfrac{A_c}{1-0.01\varepsilon_1}$ /cm^2	$(\sigma_1-\sigma_3)=\dfrac{CR}{A_a}\times10$ /kPa	$\sigma_1=\sigma_3+(\sigma_1-\sigma_3)$ /kPa	σ_1'	σ_3'	$\dfrac{\sigma_1'}{\sigma_3'}$	$\dfrac{\sigma_1-\sigma_3}{2}$	$\dfrac{\sigma_1+\sigma_3}{2}$
0	0	1	0.00	12.01	0.00	100.00	99.00	99	1	0	100
0.2	19	1	0.25	12.04	44.12	144.12	143.12	99	1.45	22.06	122.06
0.4	51	5	0.50	12.07	118.12	218.12	213.12	95	2.24	59.06	159.06
0.6	64	9	0.75	12.10	147.86	247.86	238.86	91	2.62	73.93	173.93
0.8	72	11	1.00	12.13	165.92	265.92	254.92	89	2.86	82.96	182.96
1	78	14	1.25	12.16	179.30	279.30	265.30	86	3.08	89.65	189.65

续表

轴向变形 Δh_i /mm	测力计读数 R /0.01 mm	孔隙压力 /kPa	轴向应变 $\varepsilon_1=\frac{\Delta h_i}{h_c\times 10}$ /%	试样校正面积 $A_a=\frac{A_c}{1-0.01\varepsilon_1}$ /cm²	$(\sigma_1-\sigma_3)=\frac{CR}{A_a}\times 10$ /kPa	$\sigma_1=\sigma_3+(\sigma_1-\sigma_3)$ /kPa	σ_1'	σ_3'	$\frac{\sigma_1'}{\sigma_3'}$	$\frac{\sigma_1-\sigma_3}{2}$	$\frac{\sigma_1+\sigma_3}{2}$
1.2	83	15	1.50	12.19	190.31	290.31	275.31	85	3.24	95.15	195.15
1.4	87	17	1.75	12.22	198.97	298.97	281.97	83	3.40	99.49	199.49
1.6	91.5	18	2.00	12.25	208.73	308.73	290.73	82	3.55	104.37	204.37
1.8	94.5	19	2.25	12.28	215.02	315.02	296.02	81	3.65	107.51	207.51
2	98	20	2.50	12.32	222.42	322.42	302.42	80	3.78	111.21	211.21
2.2	101.5	21	2.75	12.35	229.77	329.77	308.77	79	3.91	114.89	214.89
2.4	104.5	22	3.00	12.38	235.95	335.95	313.95	78	4.03	117.98	217.98
2.6	107.5	22	3.25	12.41	242.10	342.10	320.10	78	4.10	121.05	221.05
2.8	110	23	3.50	12.44	247.09	347.09	324.09	77	4.21	123.55	223.55
3	112.5	23	3.75	12.48	252.05	352.05	329.05	77	4.27	126.03	226.03
3.2	115	23	4.00	12.51	256.98	356.98	333.98	77	4.34	128.49	228.49
3.4	116.5	23	4.25	12.54	259.66	359.66	336.66	77	4.37	129.83	229.83
3.6	118.5	24	4.50	12.57	263.43	363.43	339.43	76	4.47	131.71	231.71
3.8	120	24	4.75	12.61	266.06	366.06	342.06	76	4.50	133.03	233.03
4	121	23	5.00	12.64	267.58	367.58	344.58	77	4.48	133.79	233.79
4.2	122	23	5.25	12.67	269.08	369.08	346.08	77	4.49	134.54	234.54
4.4	123.5	23	5.50	12.71	271.67	371.67	348.67	77	4.53	135.83	235.83
4.6	125	22	5.75	12.74	274.24	374.24	352.24	78	4.52	137.12	237.12
4.8	126	22	6.00	12.77	275.70	375.70	353.70	78	4.53	137.85	237.85
5	126.7	21	6.25	12.81	276.49	376.49	355.49	79	4.50	138.25	238.25
5.2	125	21	6.50	12.84	272.06	372.06	351.06	79	4.44	136.03	236.03
5.4	125.9	20	6.75	12.88	273.28	373.28	353.28	80	4.42	136.64	236.64
5.6	124.5	20	7.00	12.91	269.52	369.52	349.52	80	4.37	134.76	234.76
5.8	124	20	7.25	12.95	267.72	367.72	347.72	80	4.35	133.86	233.86
6	123.5	19	7.50	12.98	265.92	365.92	346.92	81	4.28	132.96	232.96

续表

轴向变形 Δh_i /mm	测力计读数 R /0.01 mm	孔隙压力 /kPa	轴向应变 $\varepsilon_1=\frac{\Delta h_i}{h_c}\times10$ /%	试样校正面积 $A_a=\frac{A_c}{1-0.01\varepsilon_1}$ /cm^2	$(\sigma_1-\sigma_3)=\frac{CR}{A_a}\times10$ /kPa	$\sigma_1=\sigma_3+(\sigma_1-\sigma_3)$ /kPa	σ_1'	σ_3'	$\frac{\sigma_1'}{\sigma_3'}$	$\frac{\sigma_1-\sigma_3}{2}$	$\frac{\sigma_1+\sigma_3}{2}$
6.2	123	19	7.75	13.02	264.13	364.13	345.13	81	4.26	132.06	232.06
6.4	122	18	8.00	13.05	261.27	361.27	343.27	82	4.19	130.63	230.63
6.6	121.5	18	8.25	13.09	259.49	359.49	341.49	82	4.16	129.75	229.75
6.8	121	17	8.50	13.12	257.72	357.72	340.72	83	4.11	128.86	228.86
7	120	17	8.75	13.16	254.89	354.89	337.89	83	4.07	127.44	227.44
7.2	119.6	16	9.00	13.19	253.34	353.34	337.34	84	4.02	126.67	226.67
7.4	119	16	9.25	13.23	251.38	351.38	335.38	84	3.99	125.69	225.69
7.6	118.2	16	9.50	13.27	249.00	349.00	333.00	84	3.96	124.50	224.50
7.8	117.8	15	9.75	13.30	247.47	347.47	332.47	85	3.91	123.74	223.74
8	117	15	10.00	13.34	245.11	345.11	330.11	85	3.88	122.56	222.56
8.2	116	14	10.25	13.38	242.34	342.34	328.34	86	3.82	121.17	221.17
8.4	115.2	14	10.50	13.42	240.00	340.00	326.00	86	3.79	120.00	220.00
8.6	114.5	14	10.75	13.45	237.88	337.88	323.88	86	3.77	118.94	218.94
8.8	114	13	11.00	13.49	236.17	336.17	323.17	87	3.71	118.09	218.09
9	113	13	11.25	13.53	233.45	333.45	320.45	87	3.68	116.72	216.72
9.2	112	12	11.50	13.57	230.73	330.73	318.73	88	3.62	115.36	215.36
9.4	111	12	11.75	13.61	22.02	328.02	316.02	88	3.59	114.01	214.01
9.6	110	11	12.00	13.64	225.33	325.33	314.33	89	3.53	112.66	212.66
9.8	109.4	11	12.25	13.68	223.46	323.46	312.46	89	3.51	111.73	211.73
10	109	11	12.50	13.72	222.01	322.01	311.01	89	3.49	111.01	211.01
10.2	108.9	10	12.75	13.76	221.17	321.17	311.17	90	3.46	110.59	210.59
10.4	108.5	10	13.00	13.80	219.73	319.73	309.73	90	3.44	109.86	209.86
10.6	108	10	13.25	13.84	218.09	318.09	308.09	90	3.42	109.04	209.04
10.8	108.1	9	13.50	13.88	217.66	317.66	308.66	91	3.39	108.83	208.83
11	108	9	13.75	13.92	216.83	316.83	307.83	91	3.38	108.42	208.42

续表

轴向变形 Δh_i /mm	测力计读数 R /0.01 mm	孔隙压力 /kPa	轴向应变 $\varepsilon_1=\frac{\Delta h_i}{h_c}\times10$ /%	试样校正面积 $A_a=\frac{A_c}{1-0.01\varepsilon_1}$ /cm²	$(\sigma_1-\sigma_3)=\frac{CR}{A_a}\times10$ /kPa	$\sigma_1=\sigma_3+(\sigma_1-\sigma_3)$ /kPa	σ_1'	σ_3'	$\frac{\sigma_1'}{\sigma_3'}$	$\frac{\sigma_1-\sigma_3}{2}$	$\frac{\sigma_1+\sigma_3}{2}$
11.2	108	8	14.00	13.96	216.20	316.20	308.20	92	3.35	108.10	208.10
11.4	107.4	8	14.25	14.00	214.38	314.38	306.38	92	3.33	107.19	207.19
11.6	107.2	8	14.50	14.04	213.35	313.35	305.35	92	3.32	106.68	206.68
11.8	107.2	8	14.75	14.08	212.73	312.73	304.73	92	3.31	106.36	206.36
12	107	7	15.00	14.13	211.71	311.71	304.71	93	3.28	105.85	205.85
12.2	106.9	7	15.25	14.17	210.89	310.89	303.89	93	3.27	105.44	205.44
12.4	106.5	7	15.50	14.21	209.48	309.48	302.48	93	3.25	104.74	204.74
12.6	106.3	−6	15.75	14.25	208.47	308.47	314.47	106	2.97	104.23	204.23
12.8	106	−5	16.00	14.29	207.26	307.26	312.26	105	2.97	103.63	203.63
13	105.8	−5	16.25	14.34	206.26	306.26	311.26	105	2.96	103.13	203.13
13.2	105.5	−4	16.50	14.38	205.06	305.06	309.06	104	2.97	102.53	202.53
13.4	105	−4	16.75	14.42	203.48	303.48	307.48	104	2.96	101.74	201.74
13.6	104.7	−4	17.00	14.47	202.28	302.28	306.28	104	2.95	101.14	201.14
13.8	104.2	−3	17.25	14.51	200.71	300.71	303.71	103	2.95	100.36	200.36
14	104	−3	17.50	14.55	199.72	299.72	302.72	103	2.94	99.86	199.86
14.2	103.8	−2	17.75	14.60	198.73	298.73	300.73	102	2.95	99.37	199.37
14.4	103.2	−2	18.00	14.64	196.98	296.98	298.98	102	2.93	98.49	198.49
14.6	103	−2	18.25	14.69	196.00	296.00	298.00	102	2.92	98.00	198.00
14.8	103	−1	18.50	14.73	195.40	295.40	296.40	101	2.93	97.70	197.70
15	102.6	−1	18.75	14.78	194.05	294.05	295.05	101	2.92	97.02	197.02
15.2	102.5	−1	19.00	14.82	193.26	293.26	294.26	101	2.91	96.63	196.63
15.4	102	−1	19.25	14.87	191.73	291.73	292.73	101	2.90	95.86	195.86
15.6	101.9	0	19.50	14.92	190.95	290.95	290.95	100	2.91	95.47	195.47
15.8	101.5	0	19.75	14.96	189.60	289.60	289.60	100	2.90	94.80	194.80
16	101	0	20.00	15.01	188.08	288.08	288.08	100	2.88	94.04	194.04

表 7-5　三轴压缩试验(剪切阶段)记录表(围压 150 kPa)

周围压力 σ_3 = 150 kPa 剪切应变速率 = 0.4 mm/min 测力计率定系数 C = 9.000 N/0.01 mm	固结下沉量 Δh = ______ cm 固结后高度 h_c = 8 cm 固结后面积 A_c = 12 cm^2

轴向变形 Δh_i /mm	测力计读数 R /0.01 mm	孔隙压力 /kPa	轴向应变 $\varepsilon_1=\frac{\Delta h_i}{h_c}\times 10$ /%	试样校正面积 $A_a=\frac{A_c}{1-0.01\varepsilon_1}$ /cm^2	$(\sigma_1-\sigma_3)=\frac{CR}{A_a}\times 10$ /kPa	$\sigma_1=\sigma_3+(\sigma_1-\sigma_3)$ /kPa	σ_1'	σ_3'	$\frac{\sigma_1'}{\sigma_3'}$	$\frac{\sigma_1-\sigma_3}{2}$	$\frac{\sigma_1+\sigma_3}{2}$
0	0	0	0.00	12.01	0.00	150.00	150.00	150	1	0	150
0.2	20.5	5	0.25	12.04	153.27	303.27	298.27	145	2.06	76.64	226.64
0.4	27	9	0.50	12.07	201.37	351.37	342.37	141	2.43	100.68	250.68
0.6	29	13	0.75	12.10	215.74	365.74	352.74	137	2.57	107.87	257.87
0.8	29.5	15	1.00	12.13	218.91	368.91	353.91	135	2.62	109.45	259.45
1	31	17	1.25	12.16	229.46	379.46	362.46	133	2.73	114.73	264.73
1.2	32.1	20	1.50	12.19	237.00	387.00	367.00	130	2.82	118.50	268.50
1.4	33.5	23	1.75	12.22	246.70	396.70	373.70	127	2.94	123.35	273.35
1.6	35	24	2.00	12.25	257.09	407.09	383.09	126	3.04	128.55	278.55
1.8	36	26	2.25	12.28	263.77	413.77	387.77	124	3.13	131.88	281.88
2	37	27	2.50	12.32	270.40	420.40	393.40	123	3.20	135.20	285.20
2.2	38	29	2.75	12.35	277.00	427.00	398.00	121	3.29	138.50	288.50
2.4	39	30	3.00	12.38	283.55	433.55	403.55	120	3.36	141.78	291.78
2.6	39.5	31	3.25	12.41	286.45	436.45	405.45	119	3.41	143.22	293.22
2.8	40	32	3.50	12.44	289.33	439.33	407.33	118	3.45	144.66	294.66
3	41	32	3.75	12.48	295.79	445.79	413.79	118	3.51	147.90	297.90
3.2	41.9	33	4.00	12.51	301.50	451.50	418.50	117	3.58	150.75	300.75
3.4	42.2	33	4.25	12.54	302.87	452.87	419.87	117	3.59	151.43	301.43
3.6	43	33	4.50	12.57	307.80	457.80	424.80	117	3.63	153.90	303.90
3.8	43.5	33	4.75	12.61	310.57	460.57	427.57	117	3.65	155.28	305.28
4	44	33	5.00	12.64	313.31	463.31	430.31	117	3.68	156.66	306.66
4.2	44.3	33	5.25	12.67	314.62	464.62	431.62	117	3.69	157.31	307.31
4.4	44.5	33	5.50	12.71	315.20	465.20	432.20	117	3.69	157.60	307.60
4.6	45	33	5.75	12.74	317.90	467.90	434.90	117	3.72	158.95	308.95
4.8	45	33	6.00	12.77	317.06	467.06	434.06	117	3.71	158.53	308.53

续表

轴向变形 Δh_i /mm	测力计读数 R /0.01 mm	孔隙压力 /kPa	轴向应变 $\varepsilon_1=\frac{\Delta h_i}{h_c}\times 10$ /%	试样校正面积 $A_a=\frac{A_c}{1-0.01\varepsilon_1}$ /cm^2	$(\sigma_1-\sigma_3)=\frac{CR}{A_a}\times 10$ /kPa	$\sigma_1=\sigma_3+(\sigma_1-\sigma_3)$ /kPa	σ_1'	σ_3'	$\frac{\sigma_1'}{\sigma_3'}$	$\frac{\sigma_1-\sigma_3}{2}$	$\frac{\sigma_1+\sigma_3}{2}$
5	45.1	33	6.25	12.81	316.92	466.92	433.92	117	3.71	158.46	308.46
5.2	46	31	6.50	12.84	322.38	472.38	441.38	119	3.71	161.19	311.19
5.4	46	30	6.75	12.88	321.52	471.52	441.52	120	3.68	160.76	310.76
5.6	46.5	30	7.00	12.91	324.14	474.14	444.14	120	3.70	162.07	312.07
5.8	47	29	7.25	12.95	326.75	476.75	447.75	121	3.70	163.37	313.37
6	47	29	7.50	12.98	325.87	475.87	446.87	121	3.69	162.93	312.93
6.2	47.1	28	7.75	13.02	325.68	475.68	447.68	122	3.67	162.84	312.84
6.4	47.5	28	8.00	13.05	327.55	477.55	449.55	122	3.68	163.78	313.78
6.6	47.6	27	8.25	13.09	327.35	477.35	450.35	123	3.66	163.67	313.67
6.8	48	27	8.50	13.12	329.20	479.20	452.20	123	3.68	164.60	314.60
7	48	26	8.75	13.16	328.30	478.30	452.30	124	3.65	164.15	314.15
7.2	48	26	9.00	13.19	327.40	477.40	451.40	124	3.64	163.70	313.70
7.4	48	26	9.25	13.23	326.50	476.50	450.50	124	3.63	163.25	313.25
7.6	48	26	9.50	13.27	325.60	475.60	449.60	124	3.63	162.80	312.80
7.8	48	25	9.75	13.30	324.70	474.70	449.70	125	3.60	162.35	312.35
8	48	24	10.00	13.34	323.80	473.80	449.80	126	3.57	161.90	311.90
8.2	47	24	10.25	13.38	316.18	466.18	442.18	126	3.51	158.09	308.09
8.4	47	23	10.50	13.42	315.30	465.30	442.30	127	3.48	157.65	307.65
8.6	47	23	10.75	13.45	314.42	464.42	441.42	127	3.48	157.21	307.21
8.8	46.3	22	11.00	13.49	308.87	458.87	436.87	128	3.41	154.43	304.43
9	46	22	11.25	13.53	306.00	456.00	434.00	128	3.39	153.00	303.00
9.2	45.9	22	11.50	13.57	304.48	454.48	432.48	128	3.38	152.24	302.24
9.4	45.6	22	11.75	13.61	301.63	451.63	429.63	128	3.36	150.82	300.82
9.6	45.6	20	12.00	13.64	300.78	450.78	430.78	130	3.31	150.39	300.39
9.8	46	19	12.25	13.68	302.55	452.55	433.55	131	3.31	151.28	301.28
10	46.1	19	12.50	13.72	302.35	452.35	433.35	131	3.31	151.17	301.17
10.2	46.8	18	12.75	13.76	306.06	456.06	438.06	132	3.32	153.03	303.03
10.4	47	18	13.00	13.80	306.49	456.49	438.49	132	3.32	153.24	303.24

续表

轴向变形 Δh_i /mm	测力计读数 R /0.01 mm	孔隙压力 /kPa	轴向应变 $\varepsilon_1=\frac{\Delta h_i}{h_c\times 10}$ /%	试样校正面积 $A_a=\frac{A_c}{1-0.01\varepsilon_1}$ /cm²	$(\sigma_1-\sigma_3)=\frac{CR}{A_a}\times 10$ /kPa	$\sigma_1=\sigma_3+(\sigma_1-\sigma_3)$ /kPa	σ_1'	σ_3'	$\frac{\sigma_1'}{\sigma_3'}$	$\frac{\sigma_1-\sigma_3}{2}$	$\frac{\sigma_1+\sigma_3}{2}$
10.6	46.9	17	13.25	13.84	304.96	454.96	437.96	133	3.29	152.48	302.48
10.8	46.7	17	13.50	13.88	302.78	452.78	435.78	133	3.28	151.39	301.39
11	46.8	17	13.75	13.92	302.55	452.55	435.55	133	3.27	151.28	301.28
11.2	47	16	14.00	13.96	302.97	452.97	436.97	134	3.26	151.48	301.48
11.4	46.9	16	14.25	14.00	301.44	451.44	435.44	134	3.25	150.72	300.72
11.6	46.8	16	14.50	14.04	299.92	449.92	433.92	134	3.24	149.96	299.96
11.8	46.5	15	14.75	14.08	297.13	447.13	432.13	135	3.20	148.56	298.56
12	46.1	14	15.00	14.13	293.71	443.71	429.71	136	3.16	146.86	296.86
12.2	45.5	14	15.25	14.17	289.03	439.03	425.03	136	3.13	144.52	294.52
12.4	45	14	15.50	14.21	285.02	435.02	421.02	136	3.10	142.51	292.51
12.6	45	14	15.75	14.25	284.17	434.17	420.17	136	3.09	142.09	292.09
12.8	44.9	13	16.00	14.29	282.70	432.70	419.70	137	3.06	141.35	291.35
13	44.8	13	16.25	14.34	281.23	431.23	418.23	137	3.05	140.62	290.62
13.2	44.5	13	16.50	14.38	278.51	428.51	415.51	137	3.03	139.26	289.26
13.4	44.5	12	16.75	14.42	277.68	427.68	415.68	138	3.01	138.84	288.84
13.6	44.1	12	17.00	14.47	274.36	424.36	412.36	138	2.99	137.18	287.18
13.8	44.1	11	17.25	14.51	273.53	423.53	412.53	139	2.97	136.77	286.77
14	44	11	17.50	14.55	272.09	422.09	411.09	139	2.96	136.04	286.04
14.2	44	11	17.75	14.60	271.26	421.26	410.26	139	2.95	135.63	285.63
14.4	44	10	18.00	14.64	270.44	420.44	410.44	140	2.93	135.22	285.22
14.6	44	10	18.25	14.69	269.61	419.61	409.61	140	2.93	134.81	284.81
14.8	44.1	9	18.50	14.73	269.40	419.40	410.40	141	2.91	134.70	284.70
15	44	9	18.75	14.78	267.96	417.96	408.96	141	2.90	133.98	283.98
15.2	44	9	19.00	14.82	267.14	417.14	408.14	141	2.89	133.57	283.57
15.4	44	9	19.25	14.87	266.31	416.31	407.31	141	2.89	133.16	283.16
15.6	44	9	19.50	14.92	265.49	415.49	406.49	141	2.88	132.74	282.74
15.8	43.9	8	19.75	14.96	264.06	414.06	406.06	142	2.86	132.03	282.03
16	43	8	20.00	15.01	257.84	407.84	399.84	142	2.82	128.92	278.92

表 7-6　三轴压缩试验（剪切阶段）记录表（围压 200 kPa）

周围压力 σ_3 = 200 kPa 剪切应变速率 = 0.4 mm/min 测力计率定系数 C = 2.569 N/0.01 mm						固结下沉量 Δh = ______ cm 固结后高度 h_c = 8 cm 固结后面积 A_c = 12 cm^2					
轴向变形 Δh_i /mm	测力计读数 R /0.01 mm	孔隙压力 /kPa	轴向应变 $\varepsilon_1 = \frac{\Delta h_i}{h_c \times 10}$ /%	试样校正面积 $A_a = \frac{A_c}{1-0.01\varepsilon_1}$ /cm^2	$(\sigma_1-\sigma_3) = \frac{CR}{A_a} \times 10$ /kPa	$\sigma_1 = \sigma_3 + (\sigma_1-\sigma_3)$ /kPa	σ_1'	σ_3'	$\frac{\sigma_1'}{\sigma_3'}$	$\frac{\sigma_1-\sigma_3}{2}$	$\frac{\sigma_1+\sigma_3}{2}$
0	0	0	0.00	12.01	0.00	200.00	200.00	200	1	0	200
0.2	44	0	0.25	12.04	93.90	293.90	293.90	200	1.47	46.95	246.95
0.4	82	2	0.50	12.07	174.57	374.57	372.57	198	1.88	87.28	287.28
0.6	111.9	6	0.75	12.10	237.62	437.62	431.62	194	2.22	118.81	318.81
0.8	119	8	1.00	12.13	252.06	452.06	444.06	192	2.31	126.03	326.03
1	127.8	10	1.25	12.16	270.02	470.02	460.02	190	2.42	135.01	335.01
1.2	135.9	12	1.50	12.19	286.40	486.40	474.40	188	2.52	143.20	343.20
1.4	142.8	14	1.75	12.22	300.18	500.18	486.18	186	2.61	150.09	350.09
1.6	148.3	15	2.00	12.25	310.95	510.95	495.95	185	2.68	155.47	355.47
1.8	152.9	17	2.25	12.28	319.78	519.78	502.78	183	2.75	159.89	359.89
2	156.9	18	2.50	12.32	327.30	527.30	509.30	182	2.80	163.65	363.65
2.2	160	19	2.75	12.35	332.91	532.91	513.91	181	2.84	166.46	366.46
2.4	163.9	21	3.00	12.38	340.15	540.15	519.15	179	2.90	170.08	370.08
2.6	166.7	22	3.25	12.41	345.07	545.07	523.07	178	2.94	172.54	372.54
2.8	169.3	23	3.50	12.44	349.55	549.55	526.55	177	2.97	174.77	374.77
3	171.4	24	3.75	12.48	352.97	552.97	528.97	176	3.01	176.48	376.48
3.2	173.9	25	4.00	12.51	357.18	557.18	532.18	175	3.04	178.59	378.59
3.4	176	26	4.25	12.54	360.56	560.56	534.56	174	3.07	180.28	380.28
3.6	177.8	27	4.50	12.57	363.29	563.29	536.29	173	3.10	181.65	381.65
3.8	178.7	27	4.75	12.61	364.18	564.18	537.18	173	3.11	182.09	382.09
4	179.9	28	5.00	12.64	365.66	565.66	537.66	172	3.13	182.83	382.83
4.2	180.5	28	5.25	12.67	365.91	565.91	537.91	172	3.13	182.96	382.96
4.4	181.1	29	5.50	12.71	366.16	566.16	537.16	171	3.14	183.08	383.08
4.6	181.7	29	5.75	12.74	366.40	566.40	537.40	171	3.14	183.20	383.20
4.8	182	29	6.00	12.77	366.03	566.03	537.03	171	3.14	183.02	383.02

续表

轴向变形 Δh_i /mm	测力计读数 R /0.01 mm	孔隙压力 /kPa	轴向应变 $\varepsilon_1=\frac{\Delta h_i}{h_c \times 10}$ /%	试样校正面积 $A_a=\frac{A_c}{1-0.01\varepsilon_1}$ /cm²	$(\sigma_1-\sigma_3)=\frac{CR}{A_a}\times 10$ /kPa	$\sigma_1=\sigma_3+(\sigma_1-\sigma_3)$ /kPa	σ_1'	σ_3'	$\frac{\sigma_1'}{\sigma_3'}$	$\frac{\sigma_1-\sigma_3}{2}$	$\frac{\sigma_1+\sigma_3}{2}$
5	182	30	6.25	12.81	365.06	565.06	535.06	170	3.15	182.53	382.53
5.2	182	30	6.50	12.84	364.09	564.09	534.09	170	3.14	182.04	382.04
5.4	181.8	30	6.75	12.88	362.71	562.71	532.71	170	3.13	181.36	381.36
5.6	181.8	30	7.00	12.91	361.74	561.74	531.74	170	3.13	180.87	380.87
5.8	181.6	30	7.25	12.95	360.37	560.37	530.37	170	3.12	180.19	380.19
6	181.4	30	7.50	12.98	359.00	559.00	529.00	170	3.11	179.50	379.50
6.2	181.2	30	7.75	13.02	357.64	557.64	527.64	170	3.10	178.82	378.82
6.4	181.2	30	8.00	13.05	356.67	556.67	526.67	170	3.10	178.34	378.34
6.6	181.1	30	8.25	13.09	355.50	555.50	525.50	170	3.09	177.75	377.75
6.8	181	30	8.50	13.12	354.34	554.34	524.34	170	3.08	177.17	377.17
7	180.9	30	8.75	13.16	353.18	553.18	523.18	170	3.08	176.59	376.59
7.2	180.7	30	9.00	13.19	351.82	551.82	521.82	170	3.07	175.91	375.91
7.4	180.8	30	9.25	13.23	351.05	551.05	521.05	170	3.06	175.52	375.52
7.6	180.8	30	9.50	13.27	350.08	550.08	520.08	170	3.06	175.04	375.04
7.8	180.8	29	9.75	13.30	349.11	549.11	520.11	171	3.04	174.56	374.56
8	181	29	10.00	13.34	348.53	548.53	519.53	171	3.04	174.27	374.27
8.2	181	29	10.25	13.38	347.56	547.56	518.56	171	3.03	173.78	373.78
8.4	180.9	29	10.50	13.42	346.40	546.40	517.40	171	3.03	173.20	373.20
8.6	180.1	29	10.75	13.45	343.91	543.91	514.91	171	3.01	171.95	371.95
8.8	179.2	29	11.00	13.49	341.23	541.23	512.23	171	3.00	170.62	370.62
9	178.5	29	11.25	13.53	338.94	538.94	509.94	171	2.98	169.47	369.47
9.2	177.1	28	11.50	13.57	335.34	535.34	507.34	172	2.95	167.67	367.67
9.4	176.2	28	11.75	13.61	332.69	532.69	504.69	172	2.93	166.35	366.35
9.6	175.2	28	12.00	13.64	329.87	529.87	501.87	172	2.92	164.93	364.93
9.8	174.5	28	12.25	13.68	327.61	527.61	499.61	172	2.90	163.81	363.81
10	173.3	27	12.50	13.72	324.43	524.43	497.43	173	2.88	162.22	362.22
10.2	172.1	27	12.75	13.76	321.27	521.27	494.27	173	2.86	160.63	360.63
10.4	170.6	27	13.00	13.80	317.56	517.56	490.56	173	2.84	158.78	358.78

续表

轴向变形 Δh_i /mm	测力计读数 R /0.01 mm	孔隙压力 /kPa	轴向应变 $\varepsilon_1=\frac{\Delta h_i}{h_c \times 10}$ /%	试样校正面积 $A_a=\frac{A_c}{1-0.01\varepsilon_1}$ /cm²	$(\sigma_1-\sigma_3)=\frac{CR}{A_a}\times 10$ /kPa	$\sigma_1=\sigma_3+(\sigma_1-\sigma_3)$ /kPa	σ_1'	σ_3'	$\frac{\sigma_1'}{\sigma_3'}$	$\frac{\sigma_1-\sigma_3}{2}$	$\frac{\sigma_1+\sigma_3}{2}$
10.6	169.9	27	13.25	13.84	315.34	515.34	488.34	173	2.82	157.67	357.67
10.8	169	27	13.50	13.88	312.77	512.77	485.77	173	2.81	156.38	356.38
11	168.7	26	13.75	13.92	311.31	511.31	485.31	174	2.79	155.66	355.66
11.2	168.2	26	14.00	13.96	309.49	509.49	483.49	174	2.78	154.74	354.74
11.4	167.9	26	14.25	14.00	308.04	508.04	482.04	174	2.77	154.02	354.02
11.6	167.3	26	14.50	14.04	306.04	506.04	480.04	174	2.76	153.02	353.02
11.8	167	25	14.75	14.08	304.60	504.60	479.60	175	2.74	152.30	352.30
12	166.7	25	15.00	14.13	303.16	503.16	478.16	175	2.73	151.58	351.58
12.2	166.2	25	15.25	14.17	301.36	501.36	476.36	175	2.72	150.68	350.68
12.4	166	25	15.50	14.21	300.11	500.11	475.11	175	2.71	150.06	350.06
12.6	165.8	24	15.75	14.25	298.87	498.87	474.87	176	2.70	149.43	349.43
12.8	165.3	24	16.00	14.29	297.08	497.08	473.08	176	2.69	148.54	348.54
13	165.1	24	16.25	14.34	295.84	495.84	471.84	176	2.68	147.92	347.92
13.2	165	24	16.50	14.38	294.78	494.78	470.78	176	2.67	147.39	347.39
13.4	164.9	24	16.75	14.42	293.71	493.71	469.71	176	2.67	146.86	346.86
13.6	164.7	23	17.00	14.47	292.48	492.48	469.48	177	2.65	146.24	346.24
13.8	164.1	23	17.25	14.51	290.53	490.53	467.53	177	2.64	145.27	345.27
14	164	23	17.50	14.55	289.48	489.48	466.48	177	2.64	144.74	344.74
14.2	163.9	23	17.75	14.60	288.43	488.43	465.43	177	2.63	144.21	344.21
14.4	163.5	23	18.00	14.64	286.85	486.85	463.85	177	2.62	143.42	343.42
14.6	163.1	22	18.25	14.69	285.27	485.27	463.27	178	2.60	142.64	342.64
14.8	162.9	22	18.50	14.73	284.05	484.05	462.05	178	2.60	142.03	342.03
15	162.2	22	18.75	14.78	281.96	481.96	459.96	178	2.58	140.98	340.98
15.2	162.1	22	19.00	14.82	280.92	480.92	458.92	178	2.58	140.46	340.46
15.4	161.9	22	19.25	14.87	279.71	479.71	457.71	178	2.57	139.86	339.86
15.6	161.4	22	19.50	14.92	277.98	477.98	455.98	178	2.56	138.99	338.99
15.8	161	21	19.75	14.96	276.43	476.43	455.43	179	2.54	138.22	338.22
16	160.9	21	20.00	15.01	275.40	475.40	454.40	179	2.54	137.70	337.70

表 7-7　三轴压缩试验(剪切阶段)记录表(围压 250 kPa)

周围压力 σ_3 = 250 kPa 剪切应变速率 = 0.4 mm/min 测力计率定系数 C = 2.695 N/0.01 mm						固结下沉量 Δh = ______ cm 固结后高度 h_c = 8 cm 固结后面积 A_c = 12 cm^2					
轴向变形 Δh_i /mm	测力计读数 R /0.01 mm	孔隙压力 /kPa	轴向应变 $\varepsilon_1=\frac{\Delta h_i}{h_c\times10}$ /%	试样校正面积 $A_a=\frac{A_c}{1-0.01\varepsilon_1}$ /cm^2	$(\sigma_1-\sigma_3)=\frac{CR}{A_a}\times10$ /kPa	$\sigma_1=\sigma_3+(\sigma_1-\sigma_3)$ /kPa	σ_1'	σ_3'	$\frac{\sigma_1'}{\sigma_3'}$	$\frac{\sigma_1-\sigma_3}{2}$	$\frac{\sigma_1+\sigma_3}{2}$
0	0	0	0.00	12.01	0.00	250.00	250.00	250	1	0	250
0.2	9	0	0.25	12.04	20.15	270.15	270.15	250	1.08	10.07	260.07
0.4	12	0	0.50	12.07	26.80	276.80	276.80	250	1.11	13.40	263.40
0.6	16.5	1	0.75	12.10	36.76	286.76	285.76	249	1.15	18.38	268.38
0.8	50	4	1.00	12.13	111.10	361.10	357.10	246	1.45	55.55	305.55
1	75.5	8	1.25	12.16	167.34	417.34	409.34	242	1.69	83.67	333.67
1.2	93	11	1.50	12.19	205.61	455.61	444.61	239	1.86	102.80	352.80
1.4	105.2	13	1.75	12.22	231.99	481.99	468.99	237	1.98	115.99	365.99
1.6	116	15	2.00	12.25	255.15	505.15	490.15	235	2.09	127.58	377.58
1.8	125	19	2.25	12.28	274.25	524.25	505.25	231	2.19	137.12	387.12
2	132.5	22	2.50	12.32	289.96	539.96	517.96	228	2.27	144.98	394.98
2.2	140	24	2.75	12.35	305.59	555.59	531.59	226	2.35	152.79	402.79
2.4	145.5	27	3.00	12.38	316.77	566.77	539.77	223	2.42	158.39	408.39
2.6	151	29	3.25	12.41	327.90	577.90	548.90	221	2.48	163.95	413.95
2.8	155	31	3.50	12.44	335.72	585.72	554.72	219	2.53	167.86	417.86
3	159.3	33	3.75	12.48	344.14	594.14	561.14	217	2.59	172.07	422.07
3.2	163	35	4.00	12.51	351.22	601.22	566.22	215	2.63	175.61	425.61
3.4	166.2	37	4.25	12.54	357.18	607.18	570.18	213	2.68	178.59	428.59
3.6	169.3	38	4.50	12.57	362.89	612.89	574.89	212	2.71	181.45	431.45
3.8	172	40	4.75	12.61	367.71	617.71	577.71	210	2.75	183.86	433.86
4	174.5	41	5.00	12.64	372.08	622.08	581.08	209	2.78	186.04	436.04
4.2	176.8	43	5.25	12.67	375.99	625.99	582.99	207	2.82	188.00	438.00
4.4	179	44	5.50	12.71	379.66	629.66	585.66	206	2.84	189.83	439.83
4.6	181	45	5.75	12.74	382.89	632.89	587.89	205	2.87	191.45	441.45
4.8	183	46	6.00	12.77	386.10	636.10	590.10	204	2.89	193.05	443.05

续表

轴向变形 Δh_i /mm	测力计读数 R /0.01 mm	孔隙压力 /kPa	轴向应变 $\varepsilon_1=\frac{\Delta h_i}{h_c \times 10}$ /%	试样校正面积 $A_a=\frac{A_c}{1-0.01\varepsilon_1}$ /cm^2	$(\sigma_1-\sigma_3)=\frac{CR}{A_a}\times 10$ /kPa	$\sigma_1=\sigma_3+(\sigma_1-\sigma_3)$ /kPa	σ_1'	σ_3'	$\frac{\sigma_1'}{\sigma_3'}$	$\frac{\sigma_1-\sigma_3}{2}$	$\frac{\sigma_1+\sigma_3}{2}$
5	184.9	47	6.25	12.81	389.07	639.07	592.07	203	2.92	194.53	444.53
5.2	186.5	48	6.50	12.84	391.39	641.39	593.39	202	2.94	195.69	445.69
5.4	187.1	49	6.75	12.88	391.60	641.60	592.60	201	2.95	195.80	445.80
5.6	189.2	49	7.00	12.91	394.93	644.93	595.93	201	2.96	197.46	447.46
5.8	190.8	50	7.25	12.95	397.20	647.20	597.20	200	2.99	198.60	448.60
6	192	51	7.50	12.98	398.62	648.62	597.62	199	3.00	199.31	449.31
6.2	193.1	51	7.75	13.02	399.82	649.82	598.82	199	3.01	199.91	449.91
6.4	194	52	8.00	13.05	400.59	650.59	598.59	198	3.02	200.30	450.30
6.6	195.2	52	8.25	13.09	401.98	651.98	599.98	198	3.03	200.99	450.99
6.8	196	53	8.50	13.12	402.52	652.52	599.52	197	3.04	201.26	451.26
7	196.8	53	8.75	13.16	403.06	653.06	600.06	197	3.05	201.53	451.53
7.2	197.5	54	9.00	13.19	403.39	653.39	599.39	196	3.06	201.69	451.69
7.4	198	54	9.25	13.23	403.30	653.30	599.30	196	3.06	201.65	451.65
7.6	198.4	54	9.50	13.27	403.00	653.00	599.00	196	3.06	201.50	451.50
7.8	198.9	54	9.75	13.30	402.90	652.90	598.90	196	3.06	201.45	451.45
8	199	55	10.00	13.34	401.99	651.99	596.99	195	3.06	200.99	450.99
8.2	199.2	55	10.25	13.38	401.27	651.27	596.27	195	3.06	200.64	450.64
8.4	199	55	10.50	13.42	399.75	649.75	594.75	195	3.05	199.88	449.88
8.6	198.7	55	10.75	13.45	398.04	648.04	593.04	195	3.04	199.02	449.02
8.8	197.9	55	11.00	13.49	395.32	645.32	590.32	195	3.03	197.66	447.66
9	197.5	55	11.25	13.53	393.41	643.41	588.41	195	3.02	196.71	446.71
9.2	197.2	55	11.50	13.57	391.71	641.71	586.71	195	3.01	195.86	445.86
9.4	197.1	55	11.75	13.61	390.41	640.41	585.41	195	3.00	195.20	445.20
9.6	197.1	54	12.00	13.64	389.30	639.30	585.30	196	2.99	194.65	444.65
9.8	197	54	12.25	13.68	388.00	638.00	584.00	196	2.98	194.00	444.00
10	197	54	12.50	13.72	386.89	636.89	582.89	196	2.97	193.45	443.45
10.2	196.8	54	12.75	13.76	385.39	635.39	581.39	196	2.97	192.70	442.70
10.4	196.8	54	13.00	13.80	384.29	634.29	580.29	196	2.96	192.15	442.15

续表

轴向变形 Δh_i /mm	测力计读数 R /0.01 mm	孔隙压力 /kPa	轴向应变 $\varepsilon_1=\frac{\Delta h_i}{h_c\times10}$ /%	试样校正面积 $A_a=\frac{A_c}{1-0.01\varepsilon_1}$ /cm²	$(\sigma_1-\sigma_3)=\frac{CR}{A_a}\times10$ /kPa	$\sigma_1=\sigma_3+(\sigma_1-\sigma_3)$ /kPa	σ_1'	σ_3'	$\frac{\sigma_1'}{\sigma_3'}$	$\frac{\sigma_1-\sigma_3}{2}$	$\frac{\sigma_1+\sigma_3}{2}$
10.6	196.8	53	13.25	13.84	383.19	633.19	580.19	197	2.95	191.59	441.59
10.8	196.7	53	13.50	13.88	381.89	631.89	578.89	197	2.94	190.94	440.94
11	196.7	53	13.75	13.92	380.78	630.78	577.78	197	2.93	190.39	440.39
11.2	196.5	53	14.00	13.96	379.29	629.29	576.29	197	2.93	189.65	439.65
11.4	196.3	53	14.25	14.00	377.81	627.81	574.81	197	2.92	188.90	438.90
11.6	196.3	53	14.50	14.04	376.71	626.71	573.71	197	2.91	188.35	438.35
11.8	196.2	53	14.75	14.08	375.41	625.41	572.41	197	2.91	187.71	437.71
12	196.2	53	15.00	14.13	374.31	624.31	571.31	197	2.90	187.16	437.16
12.2	196.2	52	15.25	14.17	373.21	623.21	571.21	198	2.88	186.61	436.61
12.4	196.2	52	15.50	14.21	372.11	622.11	570.11	198	2.88	186.05	436.05
12.6	196.2	52	15.75	14.25	371.01	621.01	569.01	198	2.87	185.50	435.50
12.8	196.2	52	16.00	14.29	369.91	619.91	567.91	198	2.87	184.95	434.95
13	196.2	52	16.25	14.34	368.81	618.81	566.81	198	2.86	184.40	434.40
13.2	196.2	51	16.50	14.38	367.71	617.71	566.71	199	2.85	183.85	433.85
13.4	196.2	51	16.75	14.42	366.61	616.61	565.61	199	2.84	183.30	433.30
13.6	196.2	51	17.00	14.47	365.50	615.50	564.50	199	2.84	182.75	432.75
13.8	196.2	51	17.25	14.51	364.40	614.40	563.40	199	2.83	182.20	432.20
14	196.2	51	17.50	14.55	363.30	613.30	562.30	199	2.83	181.65	431.65
14.2	196.2	51	17.75	14.60	362.20	612.20	561.20	199	2.82	181.10	431.10
14.4	196.2	51	18.00	14.64	361.10	611.10	560.10	199	2.81	180.55	430.55
14.6	196.2	51	18.25	14.69	360.00	610.00	559.00	199	2.81	180.00	430.00
14.8	196.2	50	18.50	14.73	358.90	608.90	558.90	200	2.79	179.45	429.45
15	196.2	50	18.75	14.78	357.80	607.80	557.80	200	2.79	178.90	428.90
15.2	196.2	50	19.00	14.82	356.70	606.70	556.70	200	2.78	178.35	428.35
15.4	196.2	50	19.25	14.87	355.60	605.60	555.60	200	2.78	177.80	427.80
15.6	196.2	50	19.50	14.92	354.50	604.50	554.50	200	2.77	177.25	427.25
15.8	196.2	50	19.75	14.96	353.39	603.39	553.39	200	2.77	176.70	426.70
16	196.2	50	20.00	15.01	352.29	602.29	552.29	200	2.76	176.15	426.15

表 7-8　三轴压缩试验(剪切阶段)记录表(围压 350 kPa)

周围压力 σ_3 = 350 kPa 剪切应变速率 = 0.4 mm/min 测力计率定系数 C = 10.115 N/0.01 mm						固结下沉量 Δh = ____ cm 固结后高度 h_c = 8 cm 固结后面积 A_c = 12 cm^2					
轴向变形 Δh_i /mm	测力计读数 R /0.01 mm	孔隙压力 /kPa	轴向应变 $\varepsilon_1=\frac{\Delta h_i}{h_c\times 10}$ /%	试样校正面积 $A_a=\frac{A_c}{1-0.01\varepsilon_1}$ /cm^2	$(\sigma_1-\sigma_3)=\frac{CR}{A_a}\times 10$ /kPa	$\sigma_1=\sigma_3+(\sigma_1-\sigma_3)$ /kPa	σ_1'	σ_3'	$\frac{\sigma_1'}{\sigma_3'}$	$\frac{\sigma_1-\sigma_3}{2}$	$\frac{\sigma_1+\sigma_3}{2}$
0	0	1	0.00	12.01	0.00	350.00	349.00	349	1	0	350
0.2	5.9	1	0.25	12.04	49.58	399.58	398.58	349	1.14	24.79	374.79
0.4	5.9	1	0.50	12.07	49.45	399.45	398.45	349	1.14	24.73	374.73
0.6	4.5	1	0.75	12.10	37.62	387.62	386.62	349	1.11	18.81	368.81
0.8	9.5	2	1.00	12.13	79.23	429.23	427.23	348	1.23	39.61	389.61
1	23	5	1.25	12.16	191.33	541.33	536.33	345	1.55	95.67	445.67
1.2	27	8	1.50	12.19	224.04	574.04	566.04	342	1.66	112.02	462.02
1.4	30.5	11	1.75	12.22	252.44	602.44	591.44	339	1.74	126.22	476.22
1.6	33.1	14	2.00	12.25	273.26	623.26	609.26	336	1.81	136.63	486.63
1.8	35.2	17	2.25	12.28	289.86	639.86	622.86	333	1.87	144.93	494.93
2	37.1	20	2.50	12.32	304.72	654.72	634.72	330	1.92	152.36	502.36
2.2	38.9	23	2.75	12.35	318.69	668.69	645.69	327	1.97	159.34	509.34
2.4	40	25	3.00	12.38	326.85	676.85	651.85	325	2.01	163.43	513.43
2.6	41.5	29	3.25	12.41	338.24	688.24	659.24	321	2.05	169.12	519.12
2.8	42.9	32	3.50	12.44	348.74	698.74	666.74	318	2.10	174.37	524.37
3	44	35	3.75	12.48	356.76	706.76	671.76	315	2.13	178.38	528.38
3.2	45	37	4.00	12.51	363.92	713.92	676.92	313	2.16	181.96	531.96
3.4	46	39	4.25	12.54	371.04	721.04	682.04	311	2.19	185.52	535.52
3.6	46.7	42	4.50	12.57	375.70	725.70	683.70	308	2.22	187.85	537.85
3.8	47.5	46	4.75	12.61	381.14	731.14	685.14	304	2.25	190.57	540.57
4	48.2	49	5.00	12.64	385.74	735.74	686.74	301	2.28	192.87	542.87
4.2	48.9	52	5.25	12.67	390.31	740.31	688.31	298	2.31	195.16	545.16
4.4	49.2	55	5.50	12.71	391.67	741.67	686.67	295	2.33	195.83	545.83
4.6	49.6	58	5.75	12.74	393.81	743.81	685.81	292	2.35	196.90	546.90
4.8	50	61	6.00	12.77	395.93	745.93	684.93	289	2.37	197.97	547.97

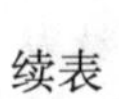

续表

轴向变形 Δh_i /mm	测力计读数 R /0.01 mm	孔隙压力 /kPa	轴向应变 $\varepsilon_1=\frac{\Delta h_i}{h_c}\times10$ /%	试样校正面积 $A_a=\frac{A_c}{1-0.01\varepsilon_1}$ /cm²	$(\sigma_1-\sigma_3)=\frac{CR}{A_a}\times10$ /kPa	$\sigma_1=\sigma_3+(\sigma_1-\sigma_3)$ /kPa	σ_1'	σ_3'	$\frac{\sigma_1'}{\sigma_3'}$	$\frac{\sigma_1-\sigma_3}{2}$	$\frac{\sigma_1+\sigma_3}{2}$
5	50.2	64	6.25	12.81	396.46	746.46	682.46	286	2.39	198.23	548.23
5.2	50.6	67	6.50	12.84	398.55	748.55	681.55	283	2.41	199.28	549.28
5.4	51	70	6.75	12.88	400.63	750.63	680.63	280	2.43	200.31	550.31
5.6	51.9	73	7.00	12.91	406.61	756.61	683.61	277	2.47	203.30	553.30
5.8	52.3	75	7.25	12.95	408.64	758.64	683.64	275	2.49	204.32	554.32
6	52.9	78	7.50	12.98	412.21	762.21	684.21	272	2.52	206.11	556.11
6.2	53	81	7.75	13.02	411.87	761.87	680.87	269	2.53	205.94	555.94
6.4	53.3	83	8.00	13.05	413.08	763.08	680.08	267	2.55	206.54	556.54
6.6	53.5	85	8.25	13.09	413.51	763.51	678.51	265	2.56	206.75	556.75
6.8	53.9	88	8.50	13.12	415.46	765.46	677.46	262	2.59	207.73	557.73
7	54.1	91	8.75	13.16	415.87	765.87	674.87	259	2.61	207.93	557.93
7.2	54.9	93	9.00	13.19	420.86	770.86	677.86	257	2.64	210.43	560.43
7.4	55	95	9.25	13.23	420.47	770.47	675.47	255	2.65	210.23	560.23
7.6	55.3	97	9.50	13.27	421.60	771.60	674.60	253	2.67	210.80	560.80
7.8	55.5	100	9.75	13.30	421.95	771.95	671.95	250	2.69	210.98	560.98
8	55.4	102	10.00	13.34	420.02	770.02	668.02	248	2.69	210.01	560.01
8.2	55.1	104	10.25	13.38	416.59	766.59	662.59	246	2.69	208.29	558.29
8.4	55.2	106	10.50	13.42	416.18	766.18	660.18	244	2.71	208.09	558.09
8.6	55.2	108	10.75	13.45	415.02	765.02	657.02	242	2.71	207.51	557.51
8.8	55.5	109	11.00	13.49	416.11	766.11	657.11	241	2.73	208.05	558.05
9	55.8	111	11.25	13.53	417.18	767.18	656.18	239	2.75	208.59	558.59
9.2	55.9	112	11.50	13.57	416.75	766.75	654.75	238	2.75	208.38	558.38
9.4	55.8	114	11.75	13.61	414.83	764.83	650.83	236	2.76	207.42	557.42
9.6	55.9	115	12.00	13.64	414.40	764.40	649.40	235	2.76	207.20	557.20
9.8	55.9	116	12.25	13.68	413.22	763.22	647.22	234	2.77	206.61	556.61
10	55.9	118	12.50	13.72	412.04	762.04	644.04	232	2.78	206.02	556.02
10.2	55.9	118	12.75	13.76	410.87	760.87	642.87	232	2.77	205.43	555.43
10.4	55.8	120	13.00	13.80	408.96	758.96	638.96	230	2.78	204.48	554.48

续表

轴向变形 Δh_i /mm	测力计读数 R /0.01 mm	孔隙压力 /kPa	轴向应变 $\varepsilon_1=\frac{\Delta h_i}{h_c}\times10$ /%	试样校正面积 $A_a=\frac{A_c}{1-0.01\varepsilon_1}$ /cm²	$(\sigma_1-\sigma_3)=\frac{CR}{A_a}\times10$ /kPa	$\sigma_1=\sigma_3+(\sigma_1-\sigma_3)$ /kPa	σ_1'	σ_3'	$\frac{\sigma_1'}{\sigma_3'}$	$\frac{\sigma_1-\sigma_3}{2}$	$\frac{\sigma_1+\sigma_3}{2}$
10.6	55.8	121	13.25	13.84	407.78	757.78	636.78	229	2.78	203.89	553.89
10.8	55.9	121	13.50	13.88	407.33	757.33	636.33	229	2.78	203.67	553.67
11	55.9	122	13.75	13.92	406.16	756.16	634.16	228	2.78	203.08	553.08
11.2	55.9	122	14.00	13.96	404.98	754.98	632.98	228	2.78	202.49	552.49
11.4	55.8	123	14.25	14.00	403.08	753.08	630.08	227	2.78	201.54	551.54
11.6	55.1	123	14.50	14.04	396.86	746.86	623.86	227	2.75	198.43	548.43
11.8	54.9	123	14.75	14.08	394.27	744.27	621.27	227	2.74	197.13	547.13
12	54.2	124	15.00	14.13	388.10	738.10	614.10	226	2.72	194.05	544.05
12.2	54	124	15.25	14.17	385.53	735.53	611.53	226	2.71	192.76	542.76
12.4	54	125	15.50	14.21	384.39	734.39	609.39	225	2.71	192.20	542.20
12.6	53.9	125	15.75	14.25	382.54	732.54	607.54	225	2.70	191.27	541.27
12.8	53.8	125	16.00	14.29	380.70	730.70	605.70	225	2.69	190.35	540.35
13	53.7	125	16.25	14.34	378.86	728.86	603.86	225	2.68	189.43	539.43
13.2	53.8	126	16.50	14.38	378.43	728.43	602.43	224	2.69	189.22	539.22
13.4	53.9	126	16.75	14.42	378.00	728.00	602.00	224	2.69	189.00	539.00
13.6	53.9	126	17.00	14.47	376.87	726.87	600.87	224	2.68	188.43	538.43
13.8	53.9	126	17.25	14.51	375.73	725.73	599.73	224	2.68	187.87	537.87
14	53.9	127	17.50	14.55	374.60	724.60	597.60	223	2.68	187.30	537.30
14.2	53.9	127	17.75	14.60	373.46	723.46	596.46	223	2.67	186.73	536.73
14.4	53.9	127	18.00	14.64	372.33	722.33	595.33	223	2.67	186.16	536.16
14.6	53.8	127	18.25	14.69	370.50	720.50	593.50	223	2.66	185.25	535.25
14.8	53.9	127	18.50	14.73	370.06	720.06	593.06	223	2.66	185.03	535.03
15	53.9	128	18.75	14.78	368.92	718.92	590.92	222	2.66	184.46	534.46
15.2	53.8	128	19.00	14.82	367.10	717.10	589.10	222	2.65	183.55	533.55
15.4	53.5	128	19.25	14.87	363.93	713.93	585.93	222	2.64	181.97	531.97
15.6	53.5	128	19.50	14.92	362.80	712.80	584.80	222	2.63	181.40	531.40
15.8	53.1	128	19.75	14.96	358.97	708.97	580.97	222	2.62	179.49	529.49
16	53	128	20.00	15.01	357.18	707.18	579.18	222	2.61	178.59	528.59

2. 应力应变关系曲线

主应力差(σ_1-σ_3)与轴向应变 ε_1 的关系曲线如图 7-9 所示。可以看出,该原状土试样应力-应变关系总体上呈现出应变软化特征,试验初期试样的轴向变形较小而剪切应力迅速增加,当试样剪切应变增加到一定程度时剪切应力达到峰值,而后随着剪切应变的增加,剪切应力逐渐减小。应力-应变曲线上的峰值点即为试样的剪切强度。随着围压增大,试样的剪切强度也随之增大,但其应变软化特征逐渐减弱;此外随着围压增大,曲线初始阶段的斜率(即变形模量)也逐渐增大,反映了土样的压硬性特征。

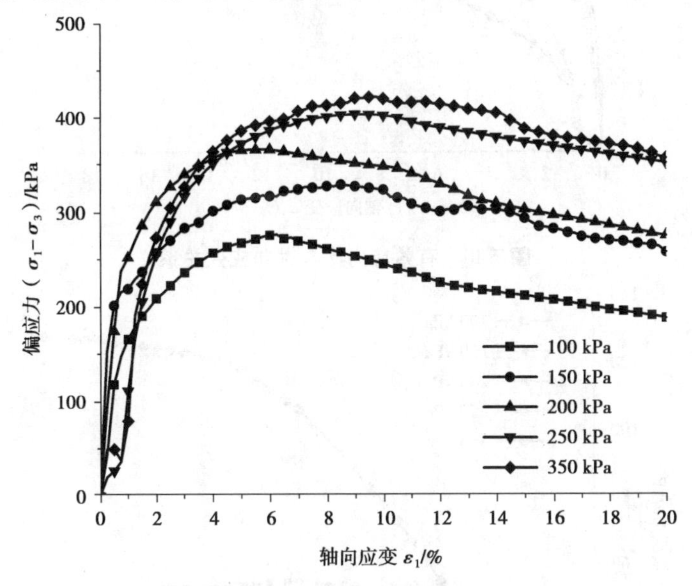

图 7-9　偏应力与轴向应变关系

图 7-10 显示试样的有效应力比随轴向应变的变化过程。可以看出,随着轴向应变的增加,试样有效应力比总体上仍然呈现出先增大后减小的特征,尤其是试样屈服之后残余有效应力比逐渐趋近于某一常数。随着围压增大,有效应力比的峰值逐渐较小,这一现象意味着低围压条件下试样可能承受较大的有效应力比而发生破坏。

固结不排水三轴剪切试验过程中孔隙水压力随轴向应变的变化过程如图 7-11 所示。低围压条件下孔隙水压力呈现出先增大后减小的特征,随着围压增大孔隙压力减小的幅度逐渐缩小。低围压条件下土体变形过程为先剪缩后剪胀,剪缩时孔隙水和土颗粒共同承担外荷载;剪胀时以土颗粒承载为主,孔隙水压力逐渐减小,甚至可能出现负孔隙水压力。高围压条件下试样以剪缩变形为主,试样中孔隙水压力逐渐增加,在较高的围压条件下还可能出现超孔隙水压力。

图 7-12 为固结不排水三轴压缩试验的应力路径演化过程,其中实线表示试样承受的总应力,虚线表示土颗粒承担的有效应力,总应力曲线与有效应力曲线的差值即为孔隙水压力 u。总应力路径曲线为相互平行的直线,而有效应曲线则表现出明显的非线性。受围压影响,低围压下孔隙压力先增大后减小,而在高围压下孔隙压力具有逐渐增大的趋势。

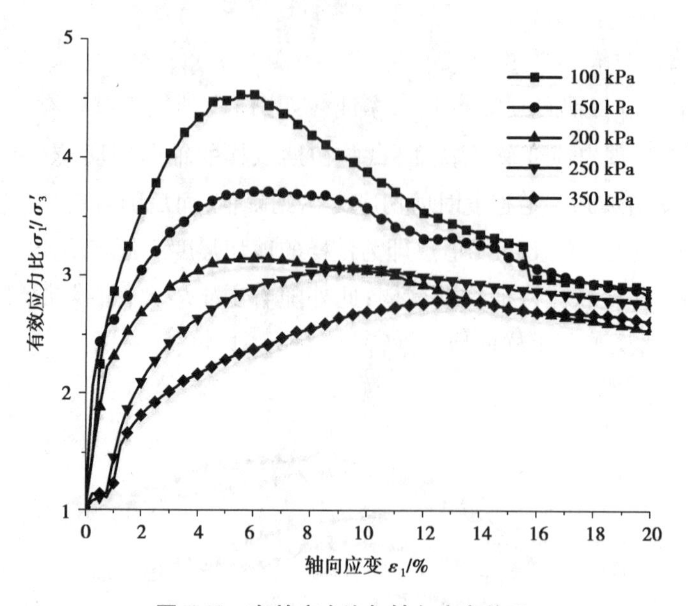

图 7-10　有效应力比与轴向应变关系

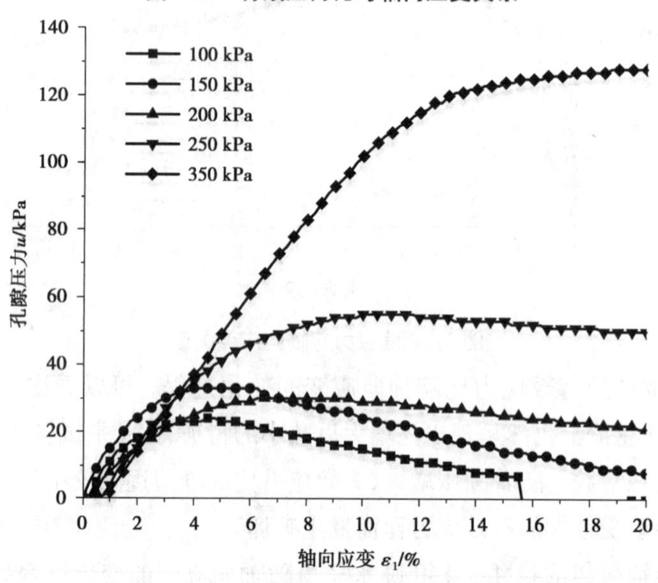

图 7-11　孔隙压力与轴向应变关系

3. 抗剪强度指标的计算

《土工试验方法标准》(GB/T 50123—2019)给出了确定抗剪强度指标的两种方法,如图 7-13 所示。一种是以法向应力 σ 为横坐标、剪应力 τ 为纵坐标,在横坐标上以$\frac{\sigma_{1f}+\sigma_{3f}}{2}$为圆心,$\frac{\sigma_{1f}-\sigma_{3f}}{2}$为半径(f 注脚表示破坏值),绘制破坏总应力圆后,作破坏莫尔圆的公切线,根据其斜率和截距来确定。另一种方法是按应力路径取值,即以$\frac{\sigma_1'-\sigma_3'}{2}\left(\frac{\sigma_1-\sigma_3}{2}\right)$为纵坐标、

$\frac{\sigma_1'+\sigma_3'}{2}\left(\frac{\sigma_1+\sigma_3}{2}\right)$为横坐标,绘制应力圆,作通过各圆之圆顶点的平均直线,根据直线的倾角及在纵坐标上的截距确定抗剪强度指标。

作图法不可避免受很多人为因素影响,当试样数大于2个时,破坏莫尔圆的包线很难手工绘制。抗剪强度指标的确定主要采用最小二乘法拟合获得直线的斜率和截距。其中一种方法是根据破坏应力点拟合直线,称为 p-q 法;另一种方法是根据破坏时大主应力和小主应力的关系进行拟合,称为 σ_1-σ_3 法。

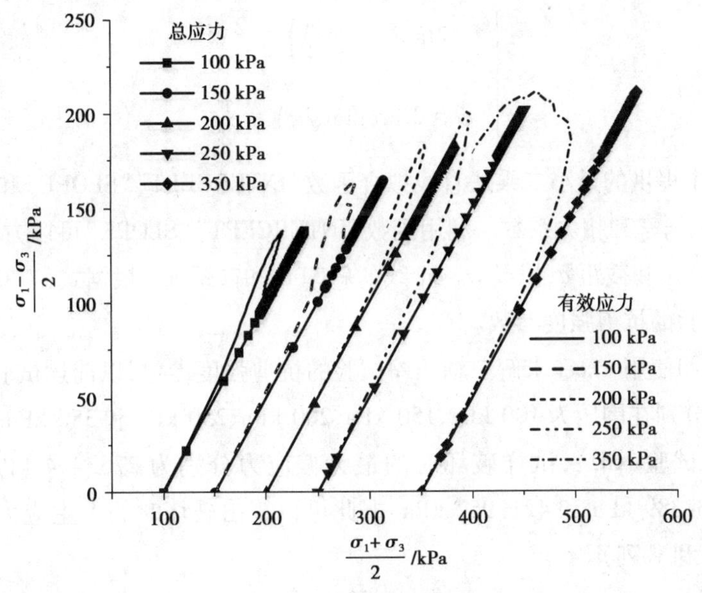

图 7-12　应力路径

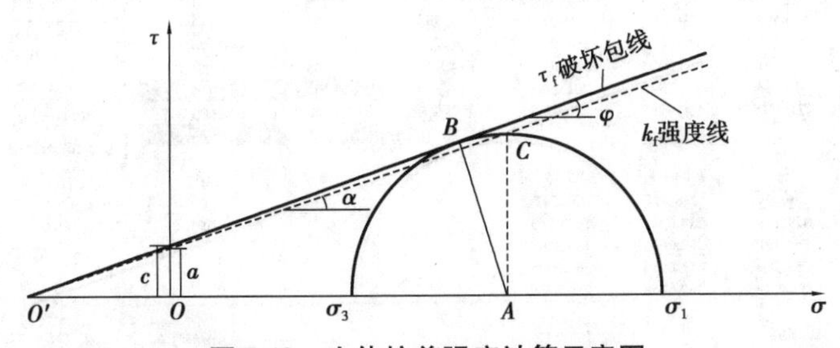

图 7-13　土体抗剪强度计算示意图

(1)p-q 法拟合的基本原理

如图 7-13 所示,在应力路径 p-q 曲线上,按破坏应力圆顶点 C 拟合直线为

$$q = a + p\tan\alpha \tag{7-21}$$

其中,$p=\frac{\sigma_1+\sigma_3}{2}$,$q=\frac{\sigma_1-\sigma_3}{2}$。

该直线的截距 a 和斜率 α 与试样的抗剪强度参数 c 和 φ 之间满足如下关系

$$\begin{cases}\varphi = \arcsin(\tan\alpha) \\ c = \dfrac{a}{\cos\varphi} = \dfrac{a}{\cos(\arcsin(\tan\alpha))}\end{cases} \tag{7-22}$$

(2)σ_1-σ_3 法拟合的基本原理

根据土的强度理论，土样破坏时大小主应力的关系可表示为

$$\sigma_1 = 2c\tan\left(\frac{\varphi}{2}+\frac{\pi}{4}\right)+\sigma_3\tan^2\left(\frac{\varphi}{2}+\frac{\pi}{4}\right)=A+B\sigma_3 \tag{7-23}$$

以试样破坏时大小主应力的关系拟合直线获得其截距 A 和斜率 B，可以求得强度参数 c 和 φ 表示为

$$\begin{cases} c=\dfrac{A}{2\tan\left(\dfrac{\varphi}{2}+\dfrac{\pi}{4}\right)}=\dfrac{A}{2\sqrt{B}} \\ \varphi=2\arctan(\sqrt{B})-\dfrac{\pi}{2} \end{cases} \tag{7-24}$$

使用 Excel 中提供的最小二乘法直线拟合函数“INTERCEPT”“SLOPE”和“CORREL”求解拟合直线的截距、斜率和相关系数。利用函数“INTERCEPT”“SLOPE”可以方便地求出破坏主应力线的斜率 $\tan\alpha$ 和截距 a，以及 σ_3-σ_1 线的斜率 B 和截距 A。根据式(7-22)和式(7-24)可很快求出每组试验的抗剪强度参数。

为进一步说明使用 Excel 求解三轴压缩试验的抗剪强度参数，以前述试验数据进行说明。如图 7-14 所示，分别在围压为 100 kPa、150 kPa、200 kPa、250 kPa 和 350 kPa 条件下进行固结不排水三轴剪切试验(CU)，试样破坏时的最大偏应力分别为 276.494 kPa、329.201 kPa、366.401 kPa、403.389 kPa 和 421.952 kPa，据此可以算出破坏时的大主应力 σ_1，以及 p 和 q(图 7-14 中 C、D 和 E 列)。

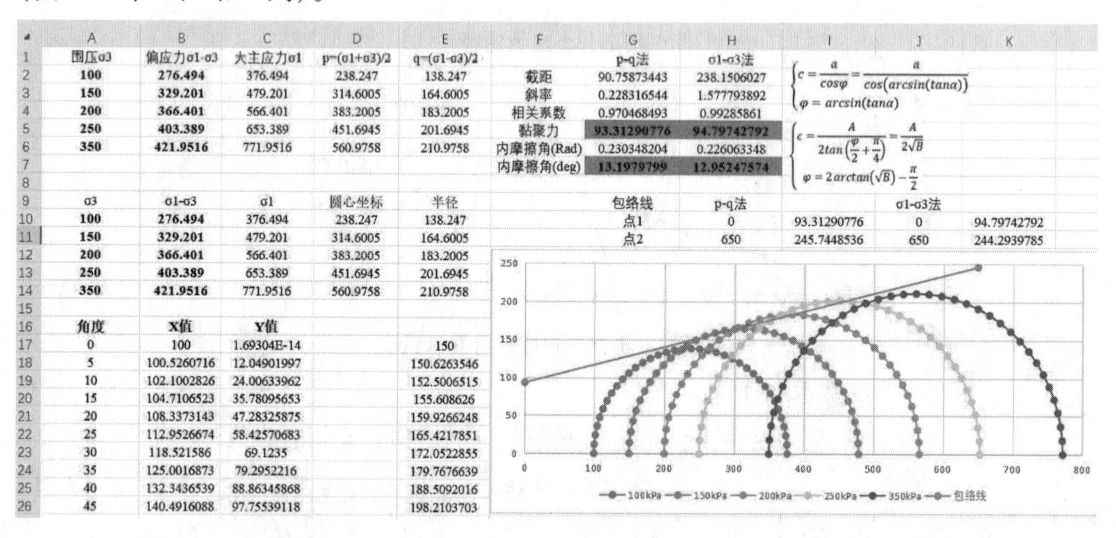

	A	B	C	D	E	F	G	H	I	J	K
1	围压σ3	偏应力σ1-σ3	大主应力σ1	p=(σ1+σ3)/2	q=(σ1-σ3)/2		p-q法	σ1-σ3法			
2	**100**	**276.494**	376.494	238.247	138.247	截距	90.75873443	238.1506027	$c=\frac{a}{cos\varphi}=\frac{a}{cos(arcsin(tan\alpha))}$		
3	**150**	**329.201**	479.201	314.6005	164.6005	斜率	0.228316544	1.577793892	$\varphi=arcsin(tan\alpha)$		
4	**200**	**366.401**	566.401	383.2005	183.2005	相关系数	0.970468493	0.99285861			
5	**250**	**403.389**	653.389	451.6945	201.6945	黏聚力	**93.31290776**	**94.79742792**	$c=\frac{A}{2tan\left(\frac{\varphi}{2}+\frac{\pi}{4}\right)}=\frac{A}{2\sqrt{B}}$		
6	**350**	**421.9516**	771.9516	560.9758	210.9758	内摩擦角(Rad)	0.230348204	0.226063348			
7						内摩擦角(deg)	**13.1979799**	**12.95247574**	$\varphi=2arctan(\sqrt{B})-\frac{\pi}{2}$		
8											
9	σ3	σ1-σ3	σ1	圆心坐标	半径		包络线	p-q法		σ1-σ3法	
10	**100**	**276.494**	376.494	238.247	138.247		点1	0	93.31290776	0	94.79742792
11	**150**	**329.201**	479.201	314.6005	164.6005		点2	650	245.7448536	650	244.2939785
12	**200**	**366.401**	566.401	383.2005	183.2005						
13	**250**	**403.389**	653.389	451.6945	201.6945						
14	**350**	**421.9516**	771.9516	560.9758	210.9758						
15											
16	**角度**	**X值**	**Y值**								
17	0	100	1.69304E-14		150						
18	5	100.5260716	12.04901997		150.6263546						
19	10	102.1002826	24.00633962		152.5006515						
20	15	104.7106523	35.78095653		155.608626						
21	20	108.3373143	47.28325875		159.9266248						
22	25	112.9526674	58.42570683		165.4217851						
23	30	118.521586	69.1235		172.0522855						
24	35	125.0016873	79.2952216		179.7676639						
25	40	132.3436539	88.86345868		188.5092016						
26	45	140.4916088	97.75539118		198.2103703						

图 7-14 利用 Excel 求解强度参数和绘制莫尔应力圆

图 7-15 为分别采用 p-q 法和 σ_1-σ_3 法拟合直线的截距和斜率，并求解对应的黏聚力 c 和内摩擦角 φ，G 列和 H 列分别代表 p-q 法和 σ_1-σ_3 法的计算结果。为了获得拟合直线的截距，在单元格 G2 中输入“=INTERCEPT(E2:E6,D2:D6)”，返回横坐标取值范围为“D2:D6”，纵坐标取值范围为“E2:E6”的数据点拟合直线的截距(图 7-15)；在单元格 G3 中输入“=SLOPE

(E2:E6,D2:D6)”返回对应数据点拟合直线的斜率,在单元格 G4 中输入“=CORREL(E2:E6,D2:D6)”返回拟合直线的相关系数。采用同样的方法,分别在单元格 H2、H3 和 H4 中获取 $\sigma_1-\sigma_3$ 法拟合直线的截距、斜率和相关系数。最后,根据式(7-22)和式(7-24)求出每组试验的抗剪强度参数。从图 7-15 中可以看出,采用 p-q 法计算的黏聚力为 $c=93.31$ kPa,内摩擦角 $\varphi=13.2°$,采用 σ_1-σ_3 法求出的黏聚力 $c=94.8$ kPa 和内摩擦角 $\varphi=12.95°$,两种方法数值相差很小。

SUMIF　× ✓ fx　=INTERCEPT(E2:E6,D2:D6)

	A	B	C	D	E	F	G	H	I	J
1	围压σ3	偏应力σ1-σ3	大主应力σ1	p=(σ1+σ3)/2	q=(σ1-σ3)/2		p-q法	σ1-σ3法		
2	**100**	**276.494**	376.494	238.247	138.247	截距	E2:E6, D2:D6)	238.1506027		
3	**150**	**329.201**	479.201	314.6005	164.6005	斜率	0.228316544	1.577793892		
4	**200**	**366.401**	566.401	383.2005	183.2005	相关系数	0.970468493	0.99285861		
5	**250**	**403.389**	653.389	451.6945	201.6945	黏聚力	93.31290776	94.79742792		
6	**350**	**421.9516**	771.9516	560.9758	210.9758	内摩擦角(Rad)	0.230348204	0.226063348		
7						内摩擦角(deg)	13.1979799	12.95247574		
8										

$$\begin{cases} c=\frac{a}{cos\varphi}=\frac{a}{cos(arcsin(tana))} \\ \varphi=arcsin(tana) \end{cases}$$

$$\begin{cases} c=\frac{A}{2tan\left(\frac{\varphi}{2}+\frac{\pi}{4}\right)}=\frac{A}{2\sqrt{B}} \\ \varphi=2arctan(\sqrt{B})-\frac{\pi}{2} \end{cases}$$

SUMIF　× ✓ fx　=SLOPE(E2:E6,D2:D6)

	A	B	C	D	E	F	G	H	I	J
1	围压σ3	偏应力σ1-σ3	大主应力σ1	p=(σ1+σ3)/2	q=(σ1-σ3)/2		p-q法	σ1-σ3法		
2	**100**	**276.494**	376.494	238.247	138.247	截距	90.75873443	238.1506027		
3	**150**	**329.201**	479.201	314.6005	164.6005		=SLOPE(E2:E6, D2:D6)			
4	**200**	**366.401**	566.401	383.2005	183.2005	相关系数	0.970468493	0.99285861		
5	**250**	**403.389**	653.389	451.6945	201.6945	黏聚力	93.31290776	94.79742792		
6	**350**	**421.9516**	771.9516	560.9758	210.9758	内摩擦角(Rad)	0.230348204	0.226063348		
7						内摩擦角(deg)	13.1979799	12.95247574		
8										

$$\begin{cases} c=\frac{a}{cos\varphi}=\frac{a}{cos(arcsin(tana))} \\ \varphi=arcsin(tana) \end{cases}$$

$$\begin{cases} c=\frac{A}{2tan\left(\frac{\varphi}{2}+\frac{\pi}{4}\right)}=\frac{A}{2\sqrt{B}} \\ \varphi=2arctan(\sqrt{B})-\frac{\pi}{2} \end{cases}$$

图 7-15　最小二乘法拟合直线的截距和斜率

4. 绘制莫尔应力圆及抗剪强度包络线

圆的标准方程是 $(x-a)^2+(y-b)^2=r^2$,其圆心位于点 (a,b) 处,r 是圆的半径;采用极坐标表示为 $x=a+r\cos\theta$,$y=b+r\sin\theta$。莫尔应力圆的圆心位于点 $\left(\frac{\sigma_1+\sigma_3}{2},0\right)$ 处,半径 $r=\frac{\sigma_1-\sigma_3}{2}$。因此,莫尔应力圆上任意点的坐标表示为

$$\begin{cases} x=\left(\dfrac{\sigma_1+\sigma_3}{2}\right)+\left(\dfrac{\sigma_1-\sigma_3}{2}\right)\cos\theta \\ y=\left(\dfrac{\sigma_1-\sigma_3}{2}\right)\sin\theta \end{cases} \tag{7-25}$$

绘制莫尔圆时将半圆($\theta\in[0,180]$)按角度增量为 5°划分为 37 个点,根据式(7-25)计算各点的 x 和 y 坐标值。最后,以法向应力 σ 为横坐标,剪应力 τ 为纵坐标绘制不同围压下试样的莫尔应力圆。

理论上,抗剪强度包络线是不同围压下试样破坏时莫尔应力圆的公切线,在低围压下可以采用线性莫尔-库仑强度准则进行拟合。采用前述方法确定了土样的黏聚力 c 和内摩擦角 φ 后,根据 $\tau=c+\sigma\tan\varphi$ 即可画出抗剪强度包络线。采用同样方法可以获得破坏时有效应力莫尔圆和有效抗剪强度包络线,确定其有效黏聚力和有效内摩擦角。

如图 7-16 所示,针对同一组数据通过 p-q 法和 σ_1-σ_3 法计算的抗剪强度参数相差很小。

三轴试验中试样剪切过程实际上是在总最小主应力（围压 σ_3）不变的情况下，最大主应力逐渐增加，莫尔应力圆的半径不断变大并向抗剪强度包络线靠近的过程。在不排水条件下由于存在孔隙水压力，莫尔应力圆整体向左移动，此时莫尔圆以更快的速度靠近抗剪强度包络线，导致试样破坏。试验测得固结不排水试验（CU）的黏聚力和内摩擦角分别为 $c_{cu}=93.31$ kPa 和 $\varphi_{cu}=13.20°$；对应的有效应力参数为 $c'=63.40$ kPa 和 $\varphi'=21.85°$。

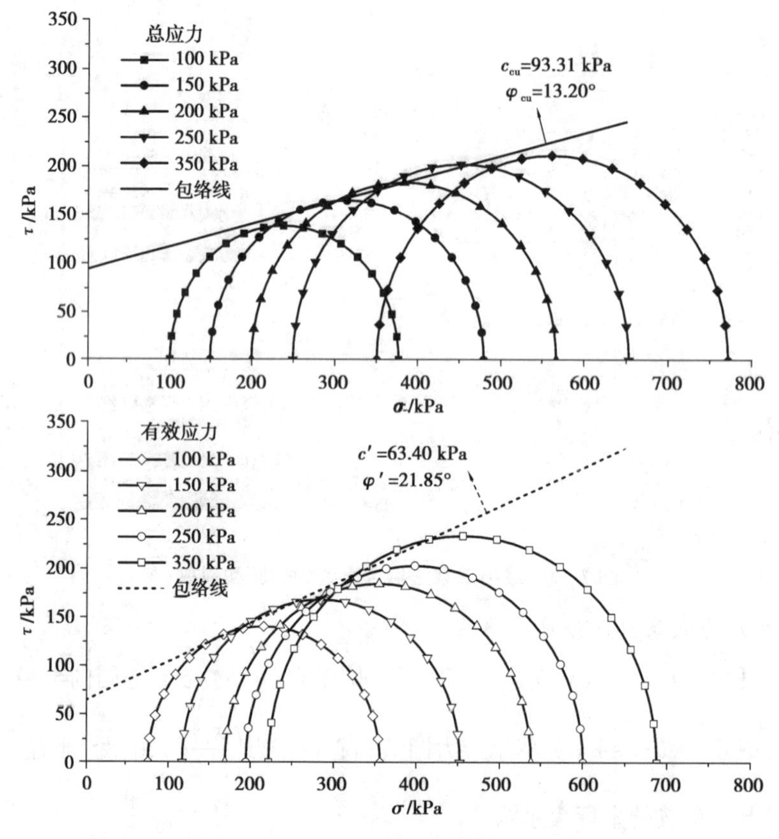

图 7-16　莫尔应力圆及抗剪强度包络线

附　录

试验报告

土力学验报告

学　　校：____________________

专　　业：____________________

班　　级：____________________

姓　　名：____________________

学　　号：____________________

分　　组：____________________

指导教师：____________________

试验报告撰写要求

试验报告是对试验的总结，通过撰写试验报告，提高学生分析问题和解决问题的能力。因此，试验报告必须由每位学生独立完成，深入分析和整理试验结果，根据相关规范评述试验结果的可靠性和所采用的试样的相关土力学性质。

试验报告应包括以下基本内容：

①试验名称、试验日期、试验人员。

②试验目的。

③试验原理、方法和操作步骤简述。

④试验所采用的仪器设备名称及型号。

⑤试验数据及处理。

⑥试验结果分析与讨论。

考虑到土体形成过程中的地质环境条件、取样方法、取样深度和试样制作方法等对试验结果的影响。需要对取样场地附近的地质环境条件和取样过程进行详细的描述和记录。

①说明待测土样取样时间、取样地点、取样深度、取样和保存方法等，描述取样场地的地层岩性和水文等地质环境条件。

②土的状态描述。

巨粒类土、粗粒类土：通俗名称及当地名称，土颗粒的最大粒径，土颗粒风化程度；巨粒、砾粒、砂粒组的含量百分数，巨粒或粗粒形状（圆、次圆、棱角或次棱角）；土颗粒的矿物成分，土颜色和有机质，天然密实度，所含细粒土类别（黏土或粉土）；土或土层的代号和名称。

细粒土：土粒最大粒径，粒组及其含量百分数，土的颜色和有机质含量，天然含水状态和塑性。

细粒类土：通俗名称及当地名称，土颗粒的最大粒径，巨粒、砾粒、砂粒组的含量百分数，天然密实度，潮湿时土的颜色及有机质，土的湿度（干、湿、很湿或饱和）；土的稠度（流塑、软塑、可塑、硬塑或坚硬）；土的塑性（高、中或低）；土的代号和名称。

试验资料及试验报告制作应注意以下方面。

①进行正确的数据分析和整理，确保试验资料的可靠性。针对试验资料中明显不合理的数据，应分析造成数据异常的原因，例如试样的代表性和试验过程中的异常情况等，必要时进行补充试验，对可疑数据进行取舍或改正。

②舍弃试验数据时，根据误差分析原理，以三倍标准差（$\pm 3\sigma$）为取舍标准，舍弃超出$\pm 3\sigma$以外的数据后重新计算和分析。

③对土工试验中的密度、含水率、颗粒组成、液塑限等用于土体分类定名和阐明其物理化学特性的一般性指标，采用多次测定 x_i 求平均值 $\bar{x}$ 的方法，计算出相应的标准差 σ 和变异系

数 δ,判断所采用的算术平均值的可靠性。

④对主要计算指标的成果进行整理,如果测定的组数较多,指标的最佳值接近各测定值的算术平均值时,采用算术平均值 $\bar{x}$。试验数据较少时,采用标准差平均值,即 $\bar{x}\pm\sigma$。

⑤对于在不同试验条件下测得的某种指标(如抗剪强度)进行综合整理求取。一般采用图解法或最小二乘法分析确定。

⑥试验报告编写应符合以下要求:

a. 对试验数据进行整理分析,经确认无误后方可采用;

b. 试验报告内容应包括试验方法的简要说明、试验数据和基本结论;

c. 试验报告中采用的试验方法和试验成果应用,以国家现行法规和行业规范为准。

试验一 土的含水率试验

试验日期：________________ 试验地点：________________

试验人员：________________ 试验分工：________________

一、试验目的

二、试验原理

三、试验方法

四、仪器设备

五、操作步骤

六、注意事项

七、试验记录及成果整理

1. 试验数据记录

(1)试样描述

①简要说明待测土样取样时间、取样地点、取样深度、取样和保存方法等,描述取样场地的地层岩性和水文等地质环境条件。

②土的状态描述。

(2)试验数据(附表 1-1)

附表 1-1　含水率试验记录表(烘干法)

样品编号	盒号	盒质量 m_0/g	(盒+湿土)质量 m_1/g	(盒+干土)质量 m_2/g	水质量 (m_1-m_2)/g	干土质量 (m_2-m_0)/g	含水率/%	平均含水率/%
		(1)	(2)	(3)	(4)=(2)−(3)	(5)=(3)−(1)	$(6)=\frac{(4)}{(5)}\times100$	(7)

2. 试验结果计算

根据试验数据计算土样的含水率(列出必要的计算公式和步骤)。

3. 试验结果分析

根据含水率试验结果,初步评价土样的性质,分析试验结果是否满足规范要求。

八、思考题

①土样烘干时间对含水率试验结果有何影响?

②烘箱温度为何要保持在 105 ~ 110 ℃？土样中有机质对含水率试验结果有何影响？

③试样烘干后能否立即称重？正确的处理方式是什么？为什么？

④土样含水率在工程实践中的意义？

指导教师评阅意见

试验二 土的密度试验

试验日期：________________ 试验地点：________________

试验人员：________________ 试验分工：________________

一、试验目的

二、试验原理

三、试验方法

四、仪器设备

五、操作步骤

六、注意事项

七、试验记录及成果整理

1. 试验数据记录

(1)试样描述

①简要说明待测土样取样时间、取样地点、取样深度、取样和保存方法等,描述取样场地的地层岩性和水文等地质环境条件。

②土的状态描述。

（2）试验数据（附表 2-1）

附表 2-1　密度试验记录表（环刀法）

样品编号	环刀号	环刀体积 V/cm^3	环刀质量 m_1/g	（环刀+湿土）质量 m_2/g	湿土质量 $(m_3=m_2-m_1)/g$	含水率 $w/\%$	湿密度 ρ $/(g \cdot cm^{-3})$		干密度 ρ_d $/(g \cdot cm^{-3})$	
							单值	平均值	单值	平均值

2. 试验结果计算

根据试验数据计算土样的湿密度和干密度（列出必要的计算公式和步骤）。

3. 试验结果分析

根据土的密度试验结果，初步评价土样的性质，分析试验结果是否满足规范要求。

八、思考题

①土的密度与重度之间有何关系？说明土的天然密度、饱和密度、干密度、浮密度和有效密度的物理意义及具体用途。

②土的密度试验通常有哪些方法？其适用条件是什么？

③环刀法测密度时,需采取哪些措施保证试验精度？

指导教师评阅意见

试验三 土粒比重试验

试验日期:________________ 试验地点:________________

试验人员:________________ 试验分工:________________

一、试验目的

二、试验原理

三、试验方法

四、仪器设备

五、操作步骤

六、注意事项

七、试验记录及成果整理

1. 试验数据记录

(1)试样描述

①简要说明待测土样取样时间、取样地点、取样深度、取样和保存方法等,描述取样场地的地层岩性和水文等地质环境条件。

②土的状态描述。

(2)试验数据(附表 3-1)

附表 3-1　比重试验记录表(比重瓶法)

试样编号	比重瓶号	温度 T/℃	纯水比重 G_{wT}	比重瓶质量 m_1/g	(瓶+干土)质量 m_2/g	干土质量 m_s/g	(瓶+水+干土)质量 m_3/g	瓶+水质量 m_4/g	比重 G_s	平均值
		(1)	(2)	(3)	(4)	(5)=(4)-(3)	(6)	(7)	$(8)=\dfrac{(3)}{(5)+(7)-(6)}\times(2)$	

2. 试验结果计算

根据试验数据计算土粒的比重(列出必要的计算公式和步骤)。

3. 试验结果分析

根据土粒的比重试验结果,初步分析土粒的成分,并分析试验结果是否满足规范要求。

八、思考题

①土的比重与重度和密度之间的区别和联系是什么?

②为何要将悬液放在砂浴中煮沸？煮沸时间受哪些因素影响？

③测定土粒的比重时，平行试验允许误差是多少？可采取哪些措施保证试验精度？

指导教师评阅意见

试验四　颗粒分析试验

试验日期：________________　　试验地点：________________

试验人员：________________　　试验分工：________________

一、试验目的

二、试验原理

三、试验方法

四、仪器设备

五、操作步骤

六、注意事项

七、试验记录及成果整理

1. 试验数据记录

(1)试样描述

①简要说明待测土样取样时间、取样地点、取样深度、取样和保存方法等,描述取样场地的地层岩性和水文等地质环境条件。

②土的状态描述。

(2)试验数据(附表 4-1)

附表 4-1　颗粒分析试验记录表(筛析法)

风干土质量=________g	小于 0.075 mm 的土占总土质量百分数 X=________%
2 mm 筛上土质量=________g	小于 2 mm 的土占总土质量百分数 X=________%
2 mm 筛下土质量=________g	细筛分析时所取试样质量 m_B=________g

续表

试验筛编号	孔径/mm	累积留筛土质量/g	小于某粒径的试样质量 m_A/g	大于某粒径的试样质量百分数/%	小于某孔径的试样质量占总质量的百分数 X/%
底盘合计					

2. 试验结果计算

(1)颗粒级配曲线(附图 4-1)

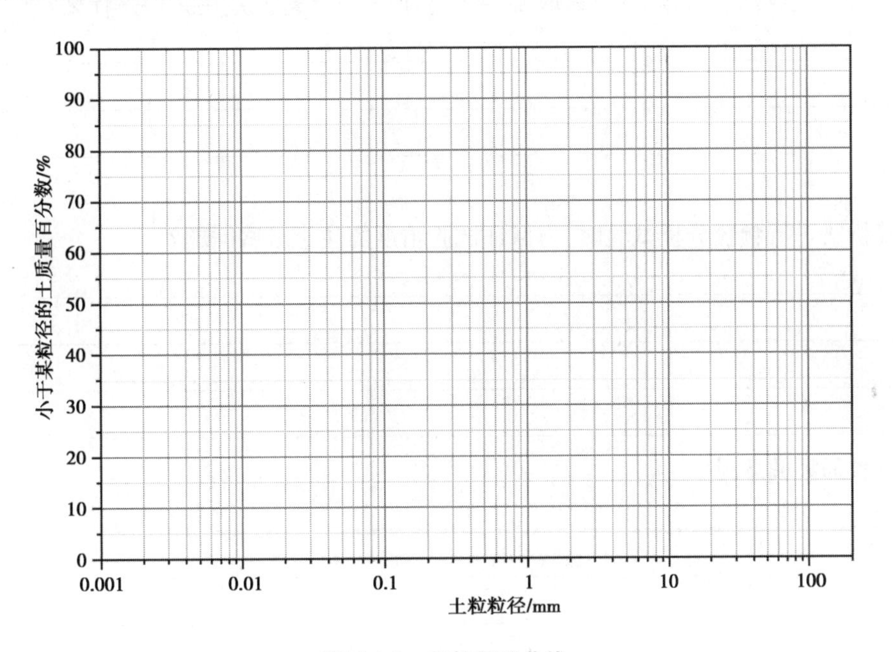

附图 4-1　颗粒级配曲线

(2)根据颗粒级配曲线确定

有效粒径 d_{10} =__________ 控制粒径 d_{60} =__________ 特征粒径 d_{30} =__________

(3)计算不均匀系数 C_u 和曲率系数 C_c(列出必要的计算公式和步骤)

3. 试验结果分析

给土样定名,并评价土样级配及选材。

八、思考题

①为什么要进行颗粒分析试验,其成果在工程中有哪些应用?

②针对不同粒径的试样,可以采取哪些试验方法,其原理及适用条件是什么?

③筛析法进行颗粒分析试验时,为保证试验精度需注意哪些问题?

指导教师评阅意见

试验五　界限含水率试验

试验日期：________________　试验地点：________________

试验人员：________________　试验分工：________________

一、试验目的

二、试验原理

三、试验方法

四、仪器设备

五、操作步骤

六、注意事项

七、试验记录及成果整理

1. 试验数据记录

(1)试样描述

①简要说明待测土样取样时间、取样地点、取样深度、取样和保存方法等,描述取样场地的地层岩性和水文等地质环境条件。

②土的状态描述。

(2)试验数据(附表5-1)

附表5-1　液塑限联合试验记录表

试样编号	圆锥下沉深度/mm	盒号	盒质量 m_0/g	(盒+湿土)质量 m_1/g	(盒+干土)质量 m_2/g	水质量 m_w/g	干土质量 m_s/g	含水率/%	液限 ω_L/%	塑限 ω_P/%
			(1)	(2)	(3)	(4)=(2)-(3)	(5)=(3)-(1)	(5)=(4)/(5)	(7)	(8)

(3)作图法确定液塑限:绘制锥入深度 h 与含水率 ω 关系曲线,并确定液限和塑限(附图5-1)

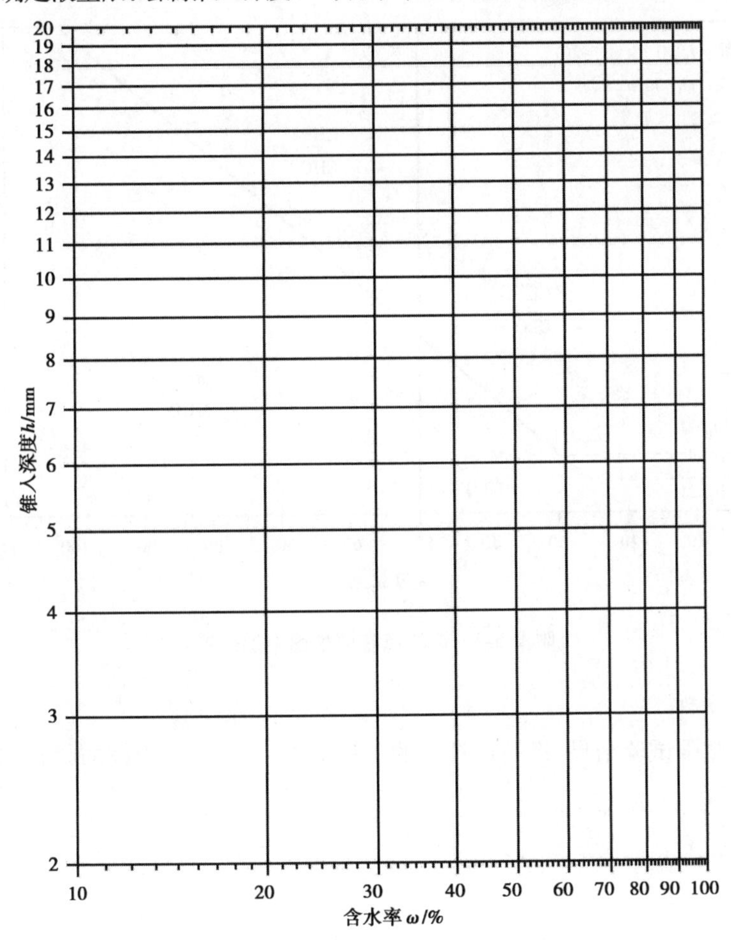

附图5-1　h-ω 曲线

(4)计算法确定液塑限

根据试验记录的锥入深度与含水率关系,在 Excel 中编辑公式计算液限和塑限。

2. 试验结果计算

①塑性指数 I_P。

②液性指数 I_L。

③确定土的状态在塑性图中的位置(附图 5-2)。

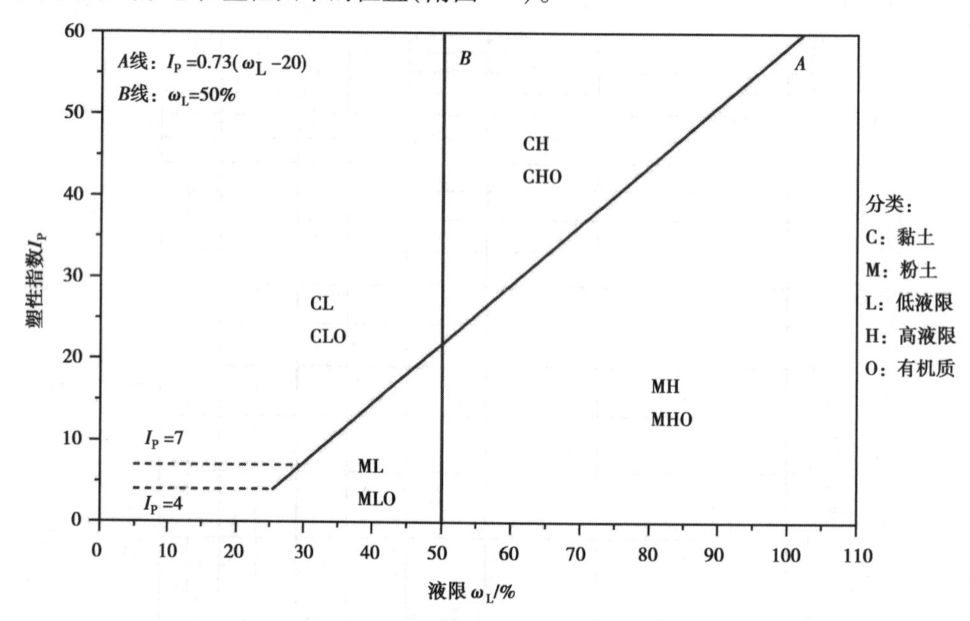

附图 5-2　试验点在塑性图中的位置

3. 试验结果分析

根据土的液塑限试验结果,进行细粒土的工程分类,初步评价土样的状态和性质。

八、思考题

①解释界限含水率的物理意义及土的稠度状态,分析含水率如何影响土的状态和性质。

②当圆锥在土中下沉时,规定测度下沉深度和时间有何意义?

③塑性指数和液性指数的物理意义是什么?其对土的工程性质有何影响?

指导教师评阅意见

试验六　土的击实试验

试验日期:______________　试验地点:______________

试验人员:______________　试验分工:______________

一、试验目的

二、试验原理

三、试验方法

四、仪器设备

五、操作步骤

六、注意事项

七、试验记录及成果整理

1. 试验数据记录

(1)试样描述

①简要说明待测土样取样时间、取样地点、取样深度、取样和保存方法等,描述取样场地的地层岩性和水文等地质环境条件。

②土的状态描述。

(2)试验数据(附表 6-1)

附表 6-1　击实试验记录表

<table>
<tr><td>试验仪器</td><td colspan="2"></td><td colspan="2">击实筒体积/cm^3</td><td colspan="2"></td><td colspan="2">击锤重/kg</td><td colspan="2"></td></tr>
<tr><td>击实层数</td><td colspan="2"></td><td colspan="2">每层击数</td><td colspan="2"></td><td colspan="2">落距/mm</td><td colspan="2"></td></tr>
<tr><td rowspan="2">试验序号</td><td colspan="5">干密度</td><td colspan="5">含水率</td></tr>
<tr><td>(筒+土)质量/g</td><td>筒质量/g</td><td>湿土质量/g</td><td>湿密度/($g \cdot cm^{-3}$)</td><td>干密度/($g \cdot cm^{-3}$)</td><td>盒号</td><td>湿土质量/g</td><td>干土质量/g</td><td>含水率/%</td><td>平均含水率/%</td></tr>
<tr><td rowspan="2"></td><td rowspan="2"></td><td rowspan="2"></td><td rowspan="2"></td><td rowspan="2"></td><td rowspan="2"></td><td></td><td></td><td></td><td></td><td rowspan="2"></td></tr>
<tr><td></td><td></td><td></td><td></td></tr>
<tr><td rowspan="2"></td><td rowspan="2"></td><td rowspan="2"></td><td rowspan="2"></td><td rowspan="2"></td><td rowspan="2"></td><td></td><td></td><td></td><td></td><td rowspan="2"></td></tr>
<tr><td></td><td></td><td></td><td></td></tr>
<tr><td rowspan="2"></td><td rowspan="2"></td><td rowspan="2"></td><td rowspan="2"></td><td rowspan="2"></td><td rowspan="2"></td><td></td><td></td><td></td><td></td><td rowspan="2"></td></tr>
<tr><td></td><td></td><td></td><td></td></tr>
<tr><td rowspan="2"></td><td rowspan="2"></td><td rowspan="2"></td><td rowspan="2"></td><td rowspan="2"></td><td rowspan="2"></td><td></td><td></td><td></td><td></td><td rowspan="2"></td></tr>
<tr><td></td><td></td><td></td><td></td></tr>
<tr><td rowspan="2"></td><td rowspan="2"></td><td rowspan="2"></td><td rowspan="2"></td><td rowspan="2"></td><td rowspan="2"></td><td></td><td></td><td></td><td></td><td rowspan="2"></td></tr>
<tr><td></td><td></td><td></td><td></td></tr>
<tr><td rowspan="2"></td><td rowspan="2"></td><td rowspan="2"></td><td rowspan="2"></td><td rowspan="2"></td><td rowspan="2"></td><td></td><td></td><td></td><td></td><td rowspan="2"></td></tr>
<tr><td></td><td></td><td></td><td></td></tr>
<tr><td rowspan="2"></td><td rowspan="2"></td><td rowspan="2"></td><td rowspan="2"></td><td rowspan="2"></td><td rowspan="2"></td><td></td><td></td><td></td><td></td><td rowspan="2"></td></tr>
<tr><td></td><td></td><td></td><td></td></tr>
<tr><td colspan="6">最大干密度 ρ_{dmax}:　　　　(g/cm^3)</td><td colspan="5">最优含水率 ω_{opt}:　　　　(%)</td></tr>
</table>

2. 试验结果计算与绘图

①以含水率 ω 为横坐标、干密度 ρ_d 为纵坐标,绘制 ρ_d-ω 关系曲线(附图 6-1)。

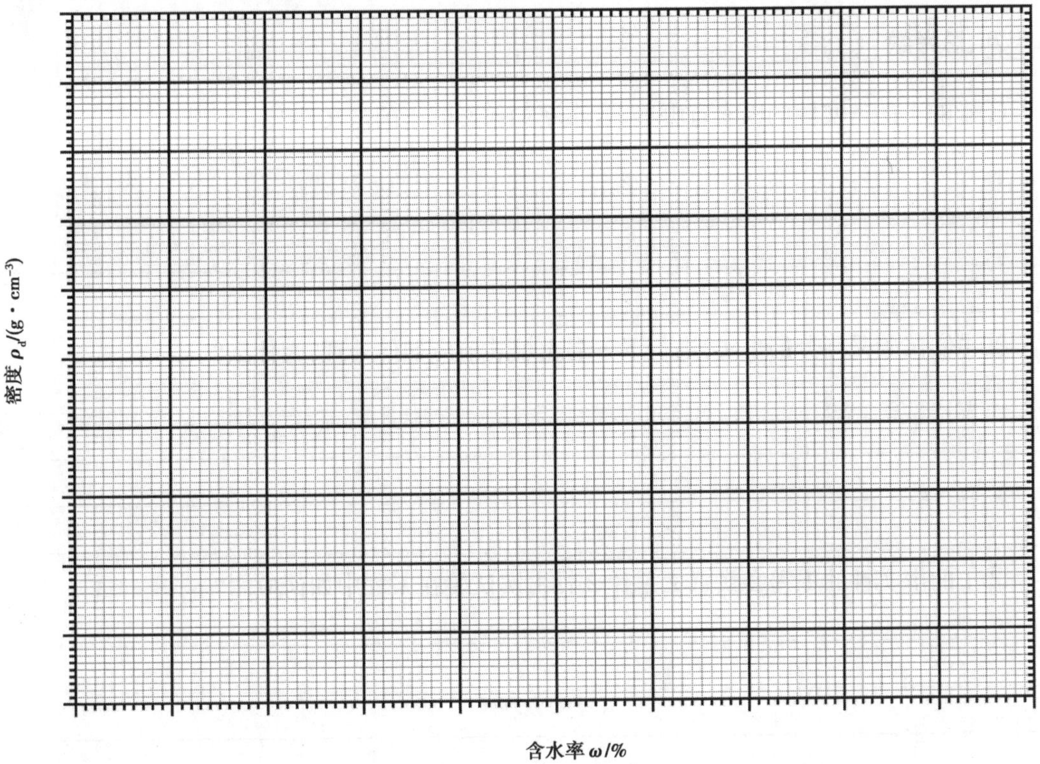

附图 6-1　击实曲线

②确定最大干密度 ρ_{dmax} 和最优含水率 ω_{opt}。

③计算不同干密度土样对应的饱和含水率,在击实曲线图(附图 6-1)上绘制饱和曲线。

3. 试验结果分析

根据土的击实试验结果,评价土样的击实性。

八、思考题

①影响土的击实性的因素有哪些，含水率如何影响土的击实性？

②击实试验采用分层击实，进行下一层土填装前应如何处理，为什么？

③土的击实性的工程实践意义是什么？击实试验在工程中如何应用？

指导教师评阅意见

试验七　土的渗透试验

试验日期:____________　试验地点:____________

试验人员:____________　试验分工:____________

一、试验目的

二、试验原理

三、试验方法

四、仪器设备

五、操作步骤

六、注意事项

七、试验记录及成果整理

1. 试验数据记录

(1)试样描述

①简要说明待测土样的取样时间、取样地点、取样深度、取样和保存方法等,描述取样场地的地层岩性和水文等地质环境条件。

②土的状态描述。

（2）试验数据（附表 7-1、附表 7-2）

附表 7-1　常水头渗透试验记录

试样高度 h=______ cm　　试样截面 A=______ cm^2　　测压孔间距 L=______ cm

干土质量 m_s=______ g　　孔隙比 e=______　　土粒比重 G_s=______

试验次数	经过时间 t/s	测压管水位 /cm			水头差 /cm			水力坡降 i	渗透水量 Q /cm^3	渗透系数 k_T /（$cm \cdot s^{-1}$）	平均水温 T/℃	校正系数 $\frac{\eta_T}{\eta_{20}}$	渗透系数 k_{20} /（$10^{-2} cm \cdot s^{-1}$）	平均渗透系数 k_{20} /（$10^{-2} cm \cdot s^{-1}$）
		Ⅰ管	Ⅱ管	Ⅲ管	H_1	H_2	平均 H							
	（1）	（2）	（3）	（4）	（5）	（6）	（7）	（8）	（9）	（10）	（11）	（12）	（13）	（14）
	—	—	—	—	（2）-（3）	（3）-（4）	$\frac{(5)+(6)}{2}$	（7）/L	—	$\frac{(9)}{A(1)(8)}$	—	—	（10）×（12）	$\frac{\sum(13)}{n}$

附表 7-2　变水头渗透试验记录

试样高度 L=______ cm　　试样面积 A=______ cm^2　　测压管断面积 a=______ cm^2　　孔隙比 e=______

起始时间 t_1	终止时间 t_2	测试时间 t	起始水头 H_{b1}	终止水头 H_{b2}	$2.3\frac{aL}{At}$	$\lg\frac{H_{b1}}{H_{b2}}$	渗透系数 k_T /（$cm \cdot s^{-1}$）	水温 T	校正系数 $\frac{\eta_T}{\eta_{20}}$	渗透系数 k_{20}	平均渗透系数 k_{20}
/（h min）	/（h min）	/s	/cm	/cm	10^{-4}	10^{-2}	10^{-6}	/℃		10^{-5} cm/s	10^{-5} cm/s
（1）	（2）	（3）	（4）	（5）	（6）	（7）	（8）	（9）	（10）	（11）	（12）
—	—	（2）-（1）	—	—	$2.3\frac{aL}{A(3)}$	$\lg\frac{(4)}{(5)}$	（6）×（7）	—	—	（8）×（10）	—

2. 试验结果分析

分析土的渗透试验结果是否满足规范要求,评价土的渗透性。

八、思考题

①土的渗透性受哪些因素影响?达西定律的适用范围是什么?

②渗透系数的测定方法及其适用条件有哪些?

③为什么要在测压管水头稳定后测定流量?

指导教师评阅意见

试验八　土的压缩试验

试验日期：________________　试验地点：________________

试验人员：________________　试验分工：________________

一、试验目的

二、试验原理

三、试验方法

四、仪器设备

五、操作步骤

六、注意事项

七、试验记录及成果整理

1. 试验数据记录

(1)试样描述

①简要说明待测土样的取样时间、取样地点、取样深度、取样和保存方法等,描述取样场地的地层岩性和水文等地质环境条件。

②土的状态描述。

(2)试验数据(附表 8-1、附表 8-2、附表 8-3)

附表 8-1　标准固结试验记录表(一)

1. 含水率试验								
试样情况	盒号	盒+湿土质量/g	(盒+干土)质量/g	盒质量/g	水质量/g	干土质量/g	含水率/%	平均含水率/%
		(1)	(2)	(3)	(4)	(5)	(6)	(7)
		—	—	—	(1)-(2)	(2)-(3)	(4)/(5)×100	$\sum$(6)/2
试验前								

试验后								

2. 密度试验

试样情况	（环+土）质量/g	环刀质量/g	湿土质量 m_0/g	试样体积 V/cm^3	湿密度 $\rho/(g \cdot cm^{-3})$
	(1)	(2)	(3)	(4)	(5)
	—	—	(1)-(2)	—	(3)/(4)
试验前					
试验后					

3. 孔隙比及饱和度计算 G_s = ________

试样情况	试验前	试验后
含水率 ω/%		
湿密度 $\rho/(g \cdot cm^{-3})$		
孔隙比 e		
饱和度 S_r/%		

附表 8-2 标准固结试验记录表(二)

经过时间	各级荷载下量表读数(0.01 mm)			
	( )kPa	( )kPa	( )kPa	( )kPa
0				
6″				
15″				
30″				
1′				
2′15″				
4′				
6′15″				
9′				
12′15″				
16′				
20′15″				
25′				
30′15″				

续表

经过时间	各级荷载下量表读数(0.01 mm)			
	(　　)kPa	(　　)kPa	(　　)kPa	(　　)kPa
36′				
42′15″				
60′				
100′				
200′				
400′				
23 h				
24 h				
试样总变形量				

附表 8-3　标准固结试验记录表(三)

试样初始高度 h_0 =________mm 初始孔隙比 e_0 =________					$C_v=\frac{0.848(\bar{h})^2}{t_{90}}$ 或 $C_v=\frac{0.197(\bar{h})^2}{t_{50}}$			
加载历时/h	荷载 p /kPa	试样总变形量 $\sum \Delta h_i$ /mm	压缩后试样高度 h/mm	孔隙比 e_i	压缩模量 E_s/MPa	压缩系数 a_v/MPa^{-1}	排水距离 $\bar{h}$/cm	固结系数 C_v /(cm^2 · s^{-1})
(1)	(2)	(3)	(4)	(5)	(6)	(7)	(8)	(9)
—	—	—	$h_0-(3)$	$e_0-(3)$ $(1+e_0)/h_0$	—	$(h_i+h_{i+1})/4$	—	—
0								
24								
24								
24								

2. 绘图(附图 8-1、附图 8-2、附图 8-3)

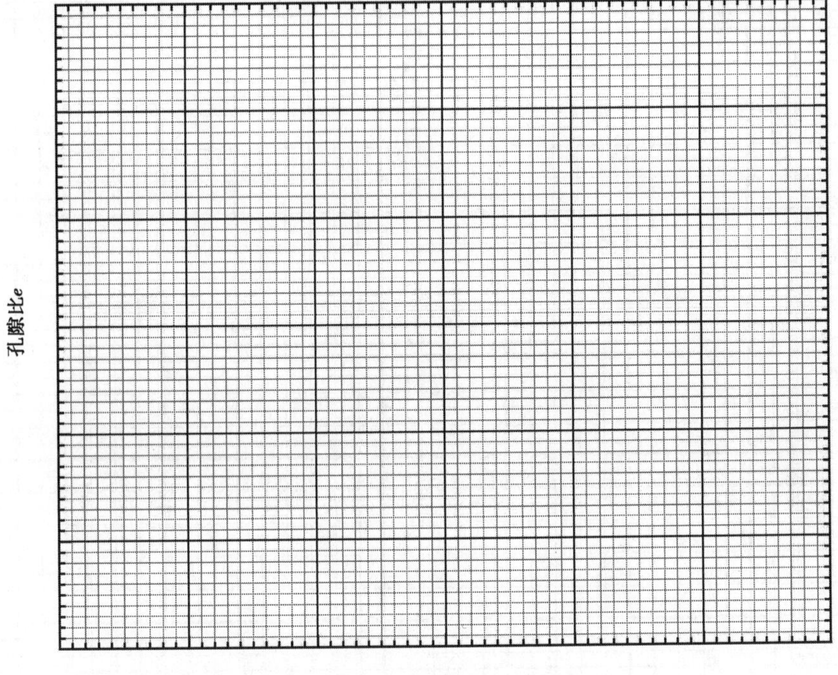

附图 8-1　孔隙比 e 与荷载 p 关系曲线

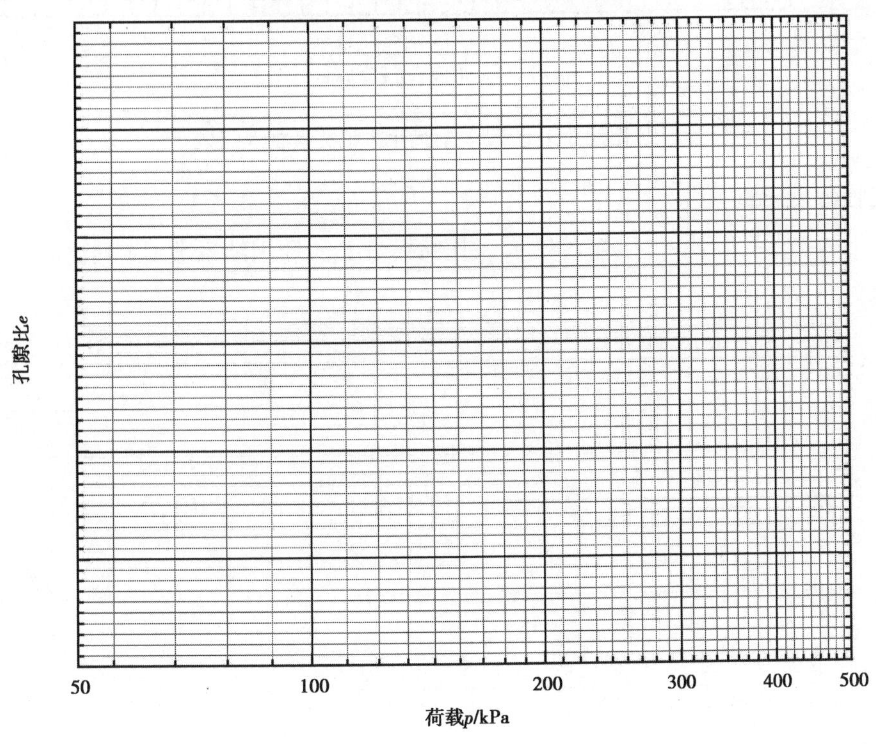

附图 8-2　孔隙比 e 与荷载 lg p 关系曲线

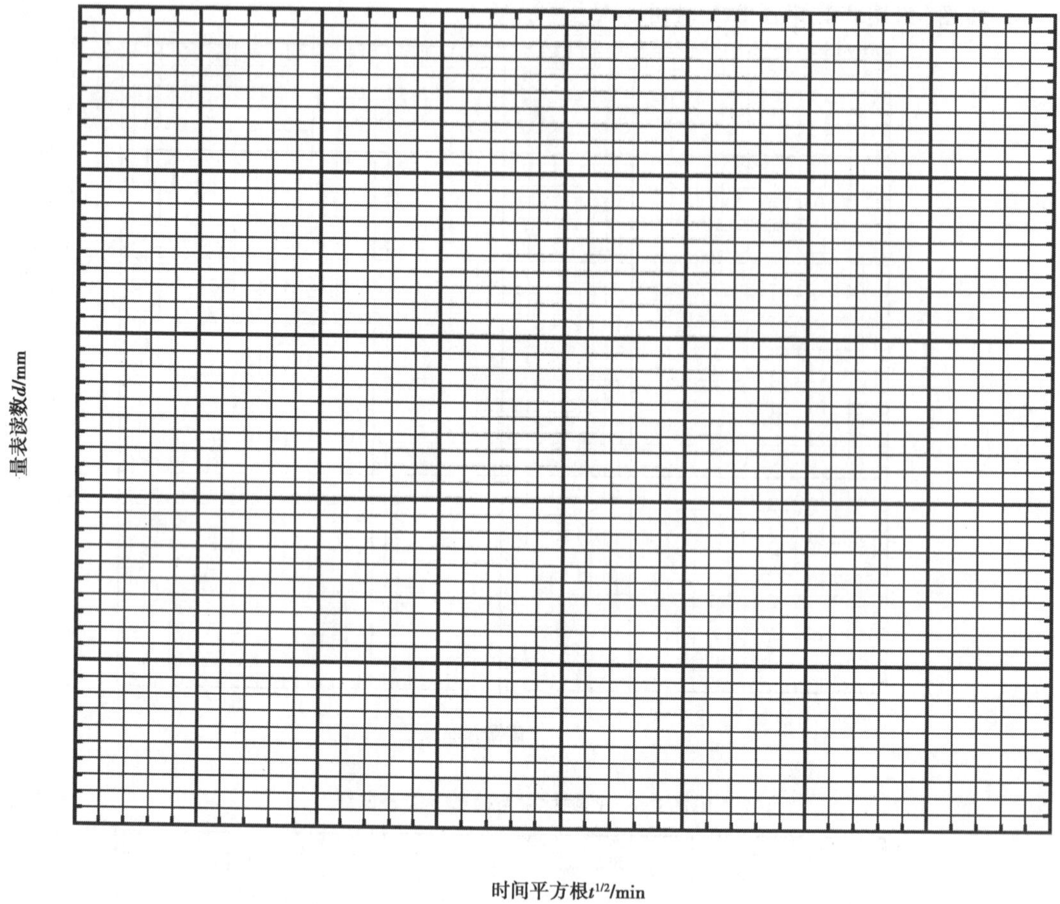

量表读数d/mm

时间平方根$t^{1/2}$/min

附图 8-3　沉降与时间平方根关系曲线

3. 试验结果计算

计算土的初始孔隙比 e_0、压缩系数 a_{1-2}、压缩模量 E_{1-2} 和固结系数 C_v（列出必要的计算公式和步骤）。

4. 试验结果分析

评价土的压缩性和固结特性。

八、思考题

①土的压缩性受哪些因素影响？在工程上体现在哪些方面？

②计算固结系数的时间平方根法和时间对数法的基本原理是什么？

③如何通过压缩指标判断土的压缩性？

指导教师评阅意见

试验九　直接剪切试验

试验日期：＿＿＿＿＿＿＿＿　试验地点：＿＿＿＿＿＿＿＿

试验人员：＿＿＿＿＿＿＿＿　试验分工：＿＿＿＿＿＿＿＿

一、试验目的

二、试验原理

三、试验方法

四、仪器设备

五、操作步骤

六、注意事项

七、试验记录及成果整理

1. 试验数据记录

(1)试样描述

①简要说明待测土样的取样时间、取样地点、取样深度、取样和保存方法等,描述取样场地的地层岩性和水文等地质环境条件。

②土的状态描述。

③试验结束后试样的破坏形态描述。

(2)试验数据(附表 9-1—附表 9-5)

附表 9-1　直剪试验记录表(一)

试样编号			1			2			3			4		
			起始	饱和	剪后	起始	饱和	剪后	起始	饱和	剪后	起始	饱和	剪后
湿密度 /$(g \cdot cm^{-3})$	(1)	(1)												
含水率 /%	(2)	(2)												
干密度 /$(g \cdot cm^{-3})$	(3)	$\frac{(1)}{1+0.01\times(2)}$												
孔隙比	(4)	$\frac{G_s}{(3)}-1$												
饱和度 /%	(5)	$\frac{G_s\times(2)}{(4)}$												

附表 9-2　直剪试验记录表(垂直压力 1)

试样编号:________		试样面积 A_0:________ cm^2	
垂直压力 σ:________ kPa		测力计率定系数 C:________(N/0.001mm)	
手轮转速:________ r/min		试验方法:________	
手轮转数/转	测力计读数 R/0.01 mm	剪切位移 ΔL/0.01 mm	剪应力 τ/kPa
(1)	(2)	(3)=(1)×20 -(2)	(4)=(2)×C/A_0×10

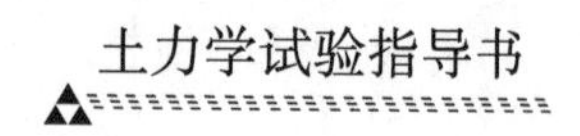

附表 9-3　直剪试验记录表(垂直压力 2)

试样编号:________　　　　试样面积 A_0:________ cm^2

垂直压力 σ:________ kPa　　　　测力计率定系数 C:________(N/0.001 mm)

手轮转速:________ r/min　　　　试验方法:________

手轮转数/转	测力计读数 R/0.01 mm	剪切位移 ΔL/0.01 mm	剪应力 τ/kPa
(1)	(2)	(3)=(1)×20 - (2)	(4)=(2)×C/A_0×10

附表9-4　直剪试验记录表(垂直压力3)

试样编号:________　　　　试样面积 A_0:________ cm^2

垂直压力 σ:________ kPa　　　　测力计率定系数 C:________(N/0.001 mm)

手轮转速:________ r/min　　　　试验方法:________

手轮转数/转	测力计读数 R/0.01 mm	剪切位移 ΔL/0.01 mm	剪应力τ/kPa
(1)	(2)	(3)=(1)×20－(2)	(4)=(2)×C/A_0×10

附表 9-5 直剪试验记录表(垂直压力 4)

试样编号:________ 试样面积 A_0:________ cm^2

垂直压力 σ:________ kPa 测力计率定系数 C:________(N/0.001 mm)

手轮转速:________ r/min 试验方法:________

手轮转数/转	测力计读数 R/0.01 mm	剪切位移 ΔL/0.01 mm	剪应力 τ/kPa
(1)	(2)	(3)=(1)×20-(2)	(4)=(2)×C/A_0×10

2. 计算与绘图

①绘制剪切应力 τ 与剪切位移 ΔL 关系曲线，确定各级压力下土的抗剪强度 τ_f（附图 9-1）。

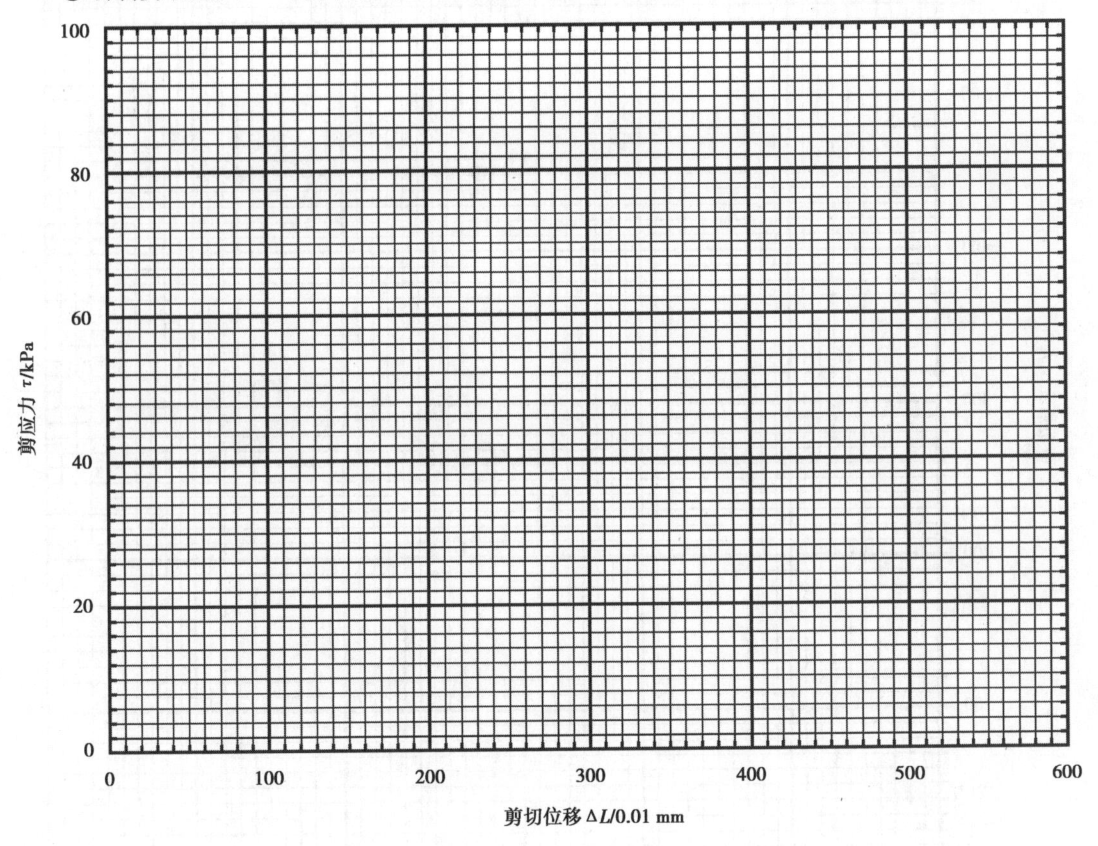

附图 9-1　剪切应力 τ 与剪切位移 ΔL 关系曲线

各级压力下土的抗剪强度 τ_f：

____

____

____

____

②绘制抗剪强度 τ_f 与垂直压力 σ 关系曲线，确定抗剪强度参数（附图 9-2）。

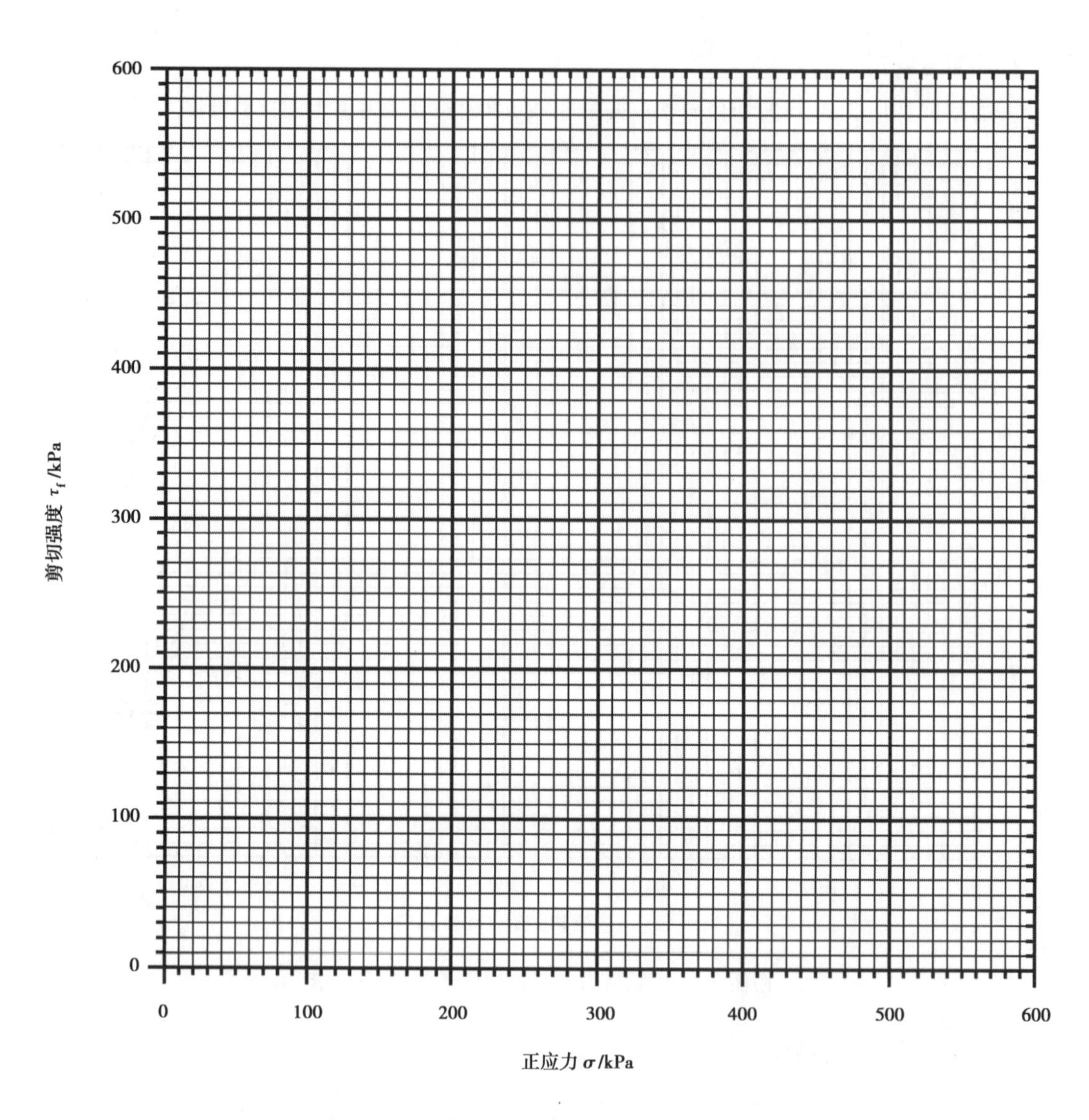

附图 9-2　抗剪强度 τ_f 与垂直压力 σ 关系曲线

抗剪强度参数:黏聚力 c=________kPa　　　　内摩擦角 φ=________°

3. 试验结果分析

根据土的直接剪切试验结果,分析土的抗剪强度特性。

____

____

____

____

八、思考题

①直接剪切试验的原理是什么?

②直接剪切试验终止条件是什么?

③分析直接剪切试验试样中的应力和应变分布,说明直接剪切试验的优缺点分别有哪些。

指导教师评阅意见

试验十　三轴压缩试验

试验日期:______________　试验地点:______________

试验人员:______________　试验分工:______________

一、试验目的

二、试验原理

三、试验方法

四、仪器设备

五、操作步骤

六、注意事项

七、试验记录及成果整理

1. 试验数据记录

(1)试样描述

①简要说明待测土样的取样时间、取样地点、取样深度、取样和保存方法等，描述取样场地的地层岩性和水文等地质环境条件。

②土的状态描述。

③试验结束后试样破坏形态描述。

(2)试验数据(附表 10-1、附表 10-2)

附表 10-1　三轴压缩试验(固结阶段)记录表

围压 σ_3	______ kPa			______ kPa			______ kPa			______ kPa		
时间 /min	排水量 /mL	孔压 /kPa	体变量 /cm^3	排水量 /mL	孔压 /kPa	体变量 /cm^3	排水量 /mL	孔压 /kPa	体变量 /cm^3	排水量 /mL	孔压 /kPa	体变量 /cm^3
0												
0.25												
0.5												
1												
2.25												
4												
6.25												
9												
12.25												
16												
20.25												
25												
30.25												
36												
42.25												
49												
64												
100												
144												
196												
291												
324												
400												
484												
576												
676												
稳定												

附表 10-2 三轴压缩试验(剪切阶段)记录表

试验类型:UU 试验(　　)　　CU 试验(　　)　　CD 试验(　　) 剪切应变速率=________ mm/min　　测力计率定系数 C=________ N/0.01 mm																
围压 σ_3	________ kPa				________ kPa				________ kPa				________ kPa			
	固结下沉量 Δh=________ cm				固结下沉量 Δh=________ cm				固结下沉量 Δh=________ cm				固结下沉量 Δh=________ cm			
	固结后高度 h_c=________ cm				固结后高度 h_c=________ cm				固结后高度 h_c=________ cm				固结后高度 h_c=________ cm			
	固结后面积 A_c=________ cm^2				固结后面积 A_c=________ cm^2				固结后面积 A_c=________ cm^2				固结后面积 A_c=________ cm^2			
轴向变形 Δh_i /0.01 mm	测力计读数 R /0.01mm	孔隙压力 /kPa	排水量 $/cm^3$	体变量 $/cm^3$	测力计读数 R /0.01mm	孔隙压力 /kPa	排水量 $/cm^3$	体变量 $/cm^3$	测力计读数 R /0.01mm	孔隙压力 /kPa	排水量 $/cm^3$	体变量 $/cm^3$	测力计读数 R 0.01mm	孔隙压力 /kPa	排水量 $/cm^3$	体变量 $/cm^3$
0																
50																
100																
150																
200																
250																
300																
350																
400																
450																
500																
550																
600																
650																

续表

围压 σ_3	______ kPa				______ kPa				______ kPa				______ kPa			
轴向变形 Δh_i /0.01 mm	测力计读数 R /0.01mm	孔隙压力 /kPa	排水量 /cm^3	体变量 /cm^3	测力计读数 R /0.01mm	孔隙压力 /kPa	排水量 /cm^3	体变量 /cm^3	测力计读数 R /0.01mm	孔隙压力 /kPa	排水量 /cm^3	体变量 /cm^3	测力计读数 R 0.01mm	孔隙压力 /kPa	排水量 /cm^3	体变量 /cm^3
700																
750																
800																
850																
900																
950																
1 000																
1 050																
1 100																
1 150																
1 200																
1 250																
1 300																
1 350																
1 400																
1 450																
1 500																
1 550																
1 600																

2. 试验结果计算

根据不同围压条件下试验记录，按附表 10-3 计算相关参数。

附表 10-3　三轴试验结果计算表

轴向应变 $\varepsilon_1=\frac{\Delta h_i}{h_c\times 10}$ /%	试样截面积 $A_a=\frac{A_c}{1-0.01\varepsilon_1}$ /cm^3	$(\sigma_1-\sigma_3)=\frac{CR}{A_a}\times 10$ /kPa	$\sigma_1'=\sigma_1-u$ /kPa	$\sigma_3'=\sigma_3-u$ /kPa	$\frac{\sigma_1'}{\sigma_3'}$	$\frac{\sigma_1-\sigma_3}{2}$ /kPa	$\frac{\sigma_1+\sigma_3}{2}$ /kPa	$\frac{\sigma_1'-\sigma_3'}{2}$ /kPa	$\frac{\sigma_1'+\sigma_3'}{2}$ /kPa	$B=\frac{u_0}{\sigma_3}$	$A=\frac{u}{B(\sigma_1-\sigma_3)}$

注：上述表格仅为样表，相关参数计算结果可作为试验报告附件提交。

3. 试验结果分析

(1)绘制应力-应变关系曲线

①主应力差$(\sigma_1-\sigma_3)$与轴向应变 ε_1 关系曲线(附图 10-1)。

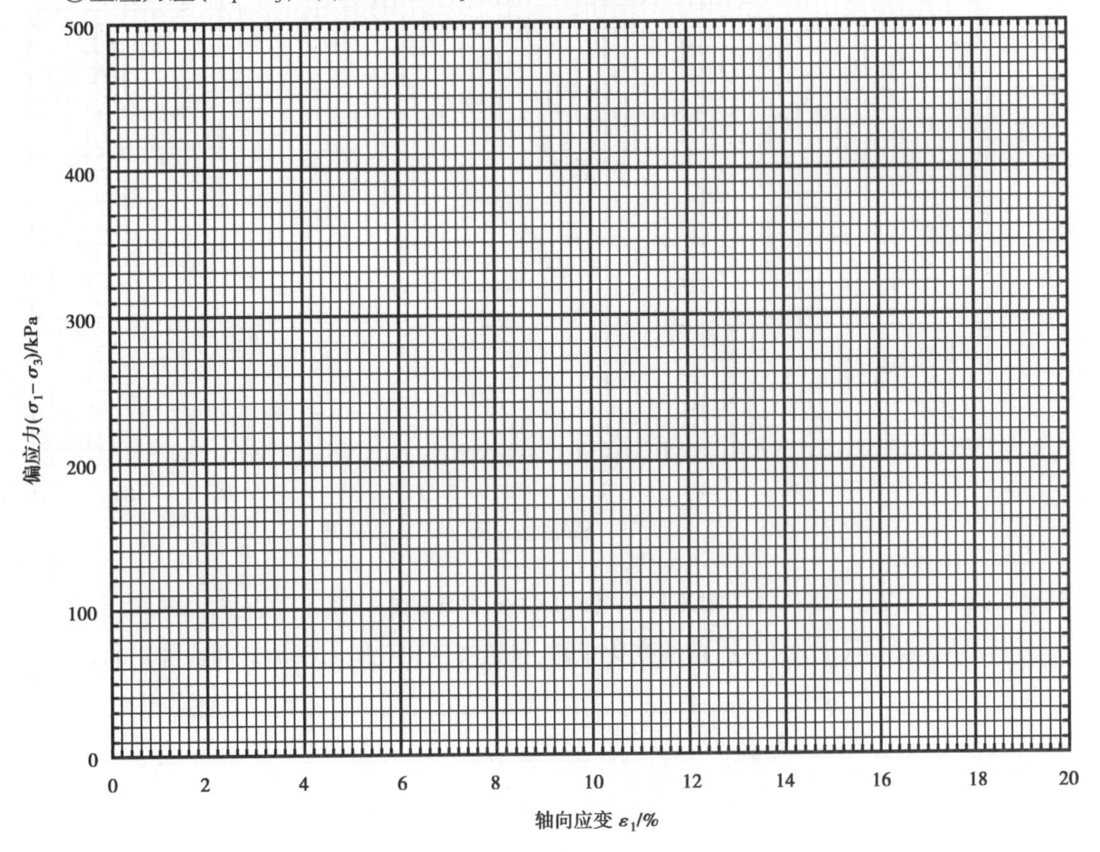

附图 10-1　$(\sigma_1-\sigma_3)$-ε_1 关系曲线

分析不同围压下$(\sigma_1-\sigma_3)$-ε_1曲线变化规律，讨论围压和孔隙水压力的影响。

____

____

____

____

确定破坏强度值$(\sigma_1-\sigma_3)_f$：

围压σ_3=______ kPa，$(\sigma_1-\sigma_3)_f$=______ kPa；围压σ_3=______ kPa，$(\sigma_1-\sigma_3)_f$=______ kPa；

围压σ_3=______ kPa，$(\sigma_1-\sigma_3)_f$=______ kPa；围压σ_3=______ kPa，$(\sigma_1-\sigma_3)_f$=______ kPa；

②有效主应力比(σ_1'/σ_3')与轴向应变ε_1关系曲线(附图 10-2)。

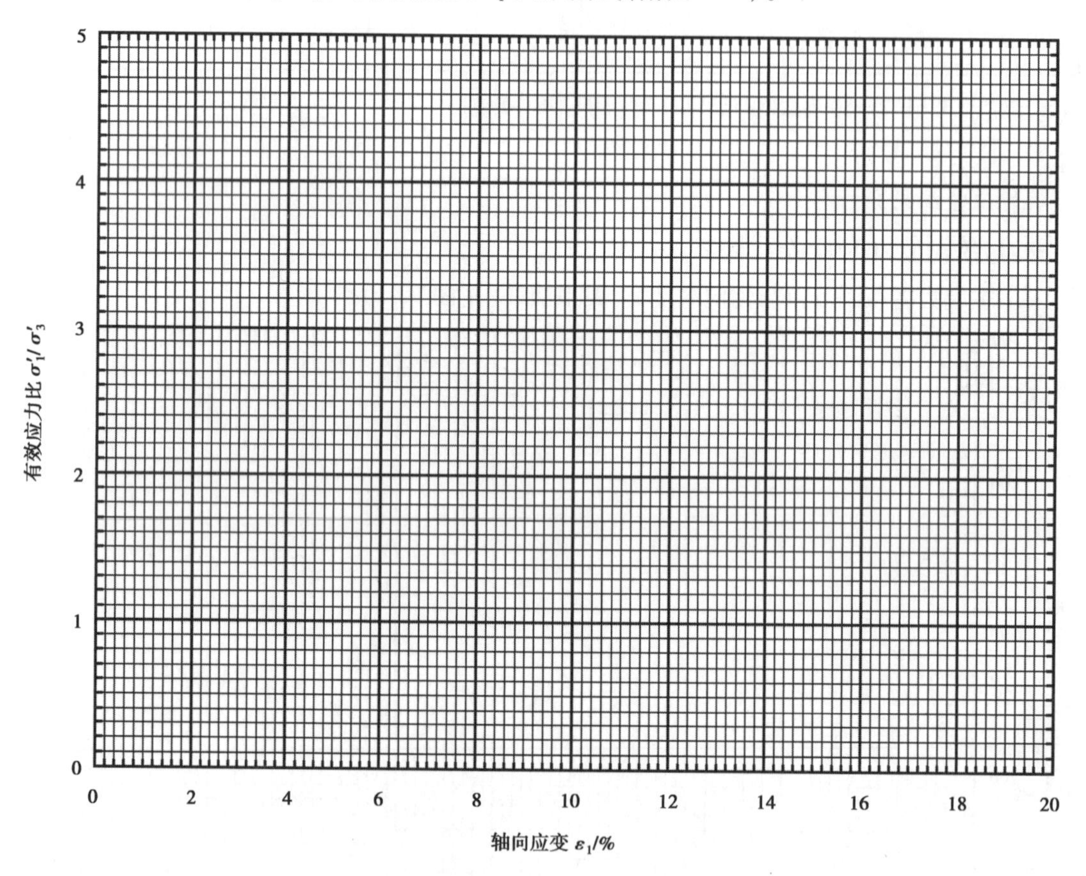

附图 10-2 (σ_1'/σ_3')-ε_1关系曲线

分析不同围压下(σ_1'/σ_3')-ε_1曲线变化规律，讨论围压和孔隙水压力对曲线的影响。

____

____

____

____

确定破坏强度值$(\sigma_1'/\sigma_3')_f$:

围压 σ_3 =______ kPa,$(\sigma_1'/\sigma_3')_f$=______ kPa;围压 σ_3 =______ kPa,$(\sigma_1'/\sigma_3')_f$=______ kPa;

围压 σ_3 =______ kPa,$(\sigma_1'/\sigma_3')_f$=______ kPa;围压 σ_3 =______ kPa,$(\sigma_1'/\sigma_3')_f$=______ kPa。

③孔隙压力 u 与轴向应变 ε_1 关系曲线(附图 10-3)。

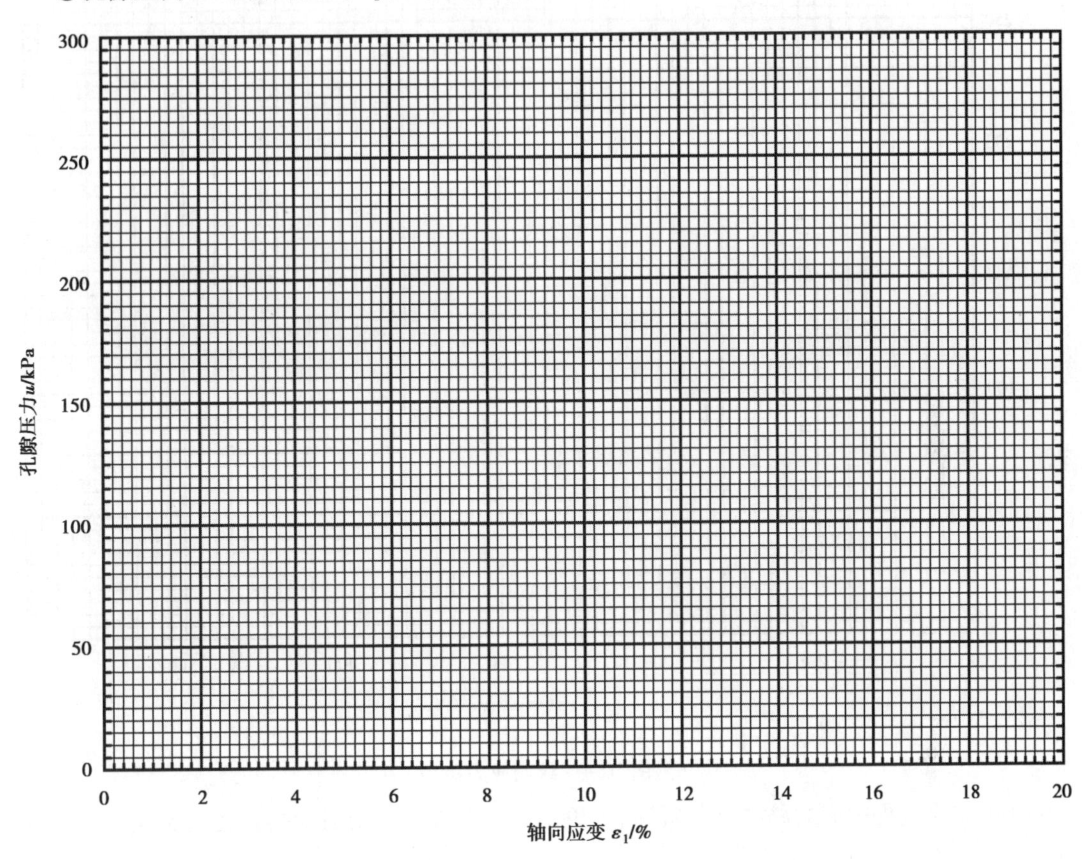

附图 10-3　u-ε_1 关系曲线

分析不同围压下 u-ε_1 曲线变化规律,讨论围压和孔隙水压力对曲线的影响。

____

____

____

____

(2)绘制应力路径(附图 10-4)

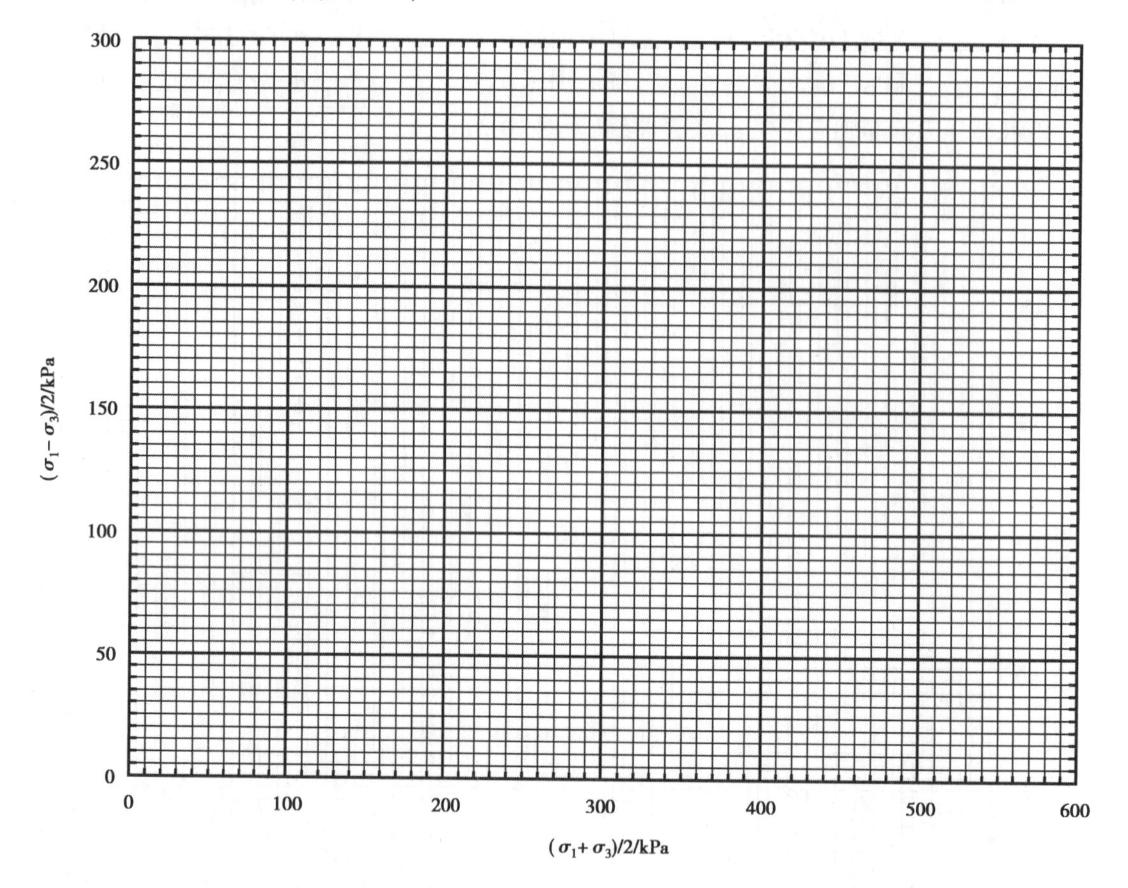

附图 10-4　绘制应力路径

分析试验过程中应力路径变化规律,讨论围压和孔隙水压力对应力路径的影响。

(3)绘制莫尔应力圆及强度包络线(附图 10-5)

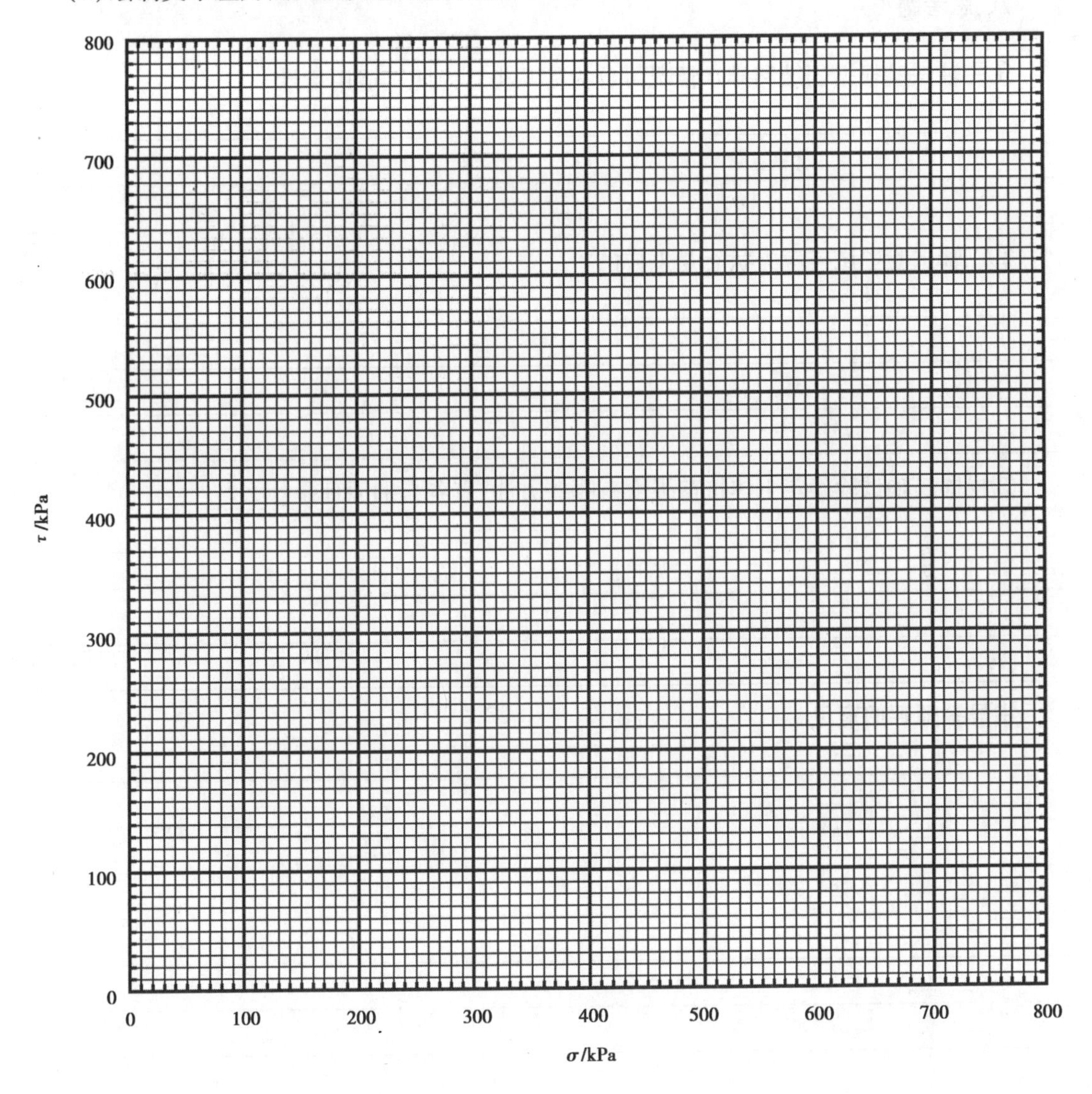

附图 10-5　绘制莫尔应力圆及强度包络线

分析不同围压下应力圆变化特征,根据莫尔-库仑理论讨论试样变形破坏机理。

____

____

____

确定抗剪强度参数:

内摩擦角 φ_u =________°　　　黏聚力 c_u =________ kPa

内摩擦角 φ_{cu} =________°　　　黏聚力 c_{cu} =________ kPa

内摩擦角 φ_d =________°　　　黏聚力 c_d =________ kPa

有效内摩擦角 φ' =________°　　　有效黏聚力 c' =________ kPa

八、思考题

①三轴试验根据固结和排水情况可分为哪几类？说明其适用场景。

②三轴试验中试样应力状态是怎样的？

③根据三轴试验确定土体抗剪强度有哪些方法,其各自的原理是什么？

指导教师评阅意见

参考文献

[1] 中华人民共和国水利部. 土工试验方法标准:GB/T 50123—2019[S]. 北京:中国计划出版社,2019.

[2] 中华人民共和国水利部. 土的工程分类标准:GB/T 50145—2007[S]. 北京:中国计划出版社,2008.

[3] 刘东. 土力学实验指导[M]. 北京:中国水利水电出版社,2011.

[4] 刘起霞. 土力学实验[M]. 北京:中国水利水电出版社,2009.

[5] 赵洋毅,段旭,熊好琴. 土力学实验指导教程[M]. 北京:中国农业出版社,2018.

[6] 郭群. 岩土力学实验指导书[M]. 长沙:中南大学出版社,2015.

[7] 赵铁立,邱祖华. 土力学试验指南与试验报告[M]. 成都:西南交通大学出版社,2008.

[8] 聂良佐,项伟. 土工实验指导书[M]. 2 版. 武汉:中国地质大学出版社,2017.

[9] 巴凌真. 土力学实验[M]. 广州:华南理工大学出版社,2016.

[10] 杨迎晓. 土力学试验指导[M]. 杭州:浙江大学出版社,2007.

[11] 阮波,张向京. 土力学试验[M]. 武汉:武汉大学出版社,2015.

[12] 卢廷浩. 土力学[M]. 北京:高等教育出版社,2010.